新一代人工智能2030全景科普丛书

虚拟现实与增强现实

从视觉革命到思维革命的演进

沈 江 潘 军 主编

科学技术文献出版社
SCIENTIFIC AND TECHNICAL DOCUMENTATION PRESS
·北京·

图书在版编目（CIP）数据

虚拟现实与增强现实：从视觉革命到思维革命的演进 / 沈江，潘军主编. —北京：科学技术文献出版社，2020. 9

（新一代人工智能2030全景科普丛书 / 赵志耘总主编）

ISBN 978-7-5189-6150-4

Ⅰ. ①虚…　Ⅱ. ①沈…　②潘…　Ⅲ. ①虚拟现实　Ⅳ. ① TP391.98

中国版本图书馆 CIP 数据核字（2019）第 227665 号

虚拟现实与增强现实——从视觉革命到思维革命的演进

策划编辑：丁芳宇　　责任编辑：马新娟　　责任校对：文　浩　　责任出版：张志平

出　版　者　科学技术文献出版社
地　　　址　北京市复兴路15号　　邮编　100038
编　务　部　（010）58882938，58882087（传真）
发　行　部　（010）58882868，58882870（传真）
邮　购　部　（010）58882873
官方网址　www.stdp.com.cn
发　行　者　科学技术文献出版社发行　全国各地新华书店经销
印　刷　者　北京时尚印佳彩色印刷有限公司
版　　　次　2020 年 9 月第 1 版　2020 年 9 月第 1 次印刷
开　　　本　710 × 1000　1/16
字　　　数　214千
印　　　张　16
书　　　号　ISBN 978-7-5189-6150-4
定　　　价　68.00元

总　序

人工智能是指利用计算机模拟、延伸和扩展人的智能的理论、方法、技术及应用系统。人工智能虽然是计算机科学的一个分支，但它的研究跨越计算机学、脑科学、神经生理学、认知科学、行为科学和数学，以及信息论、控制论和系统论等许多学科领域，具有高度交叉性。此外，人工智能又是一种基础性的技术，具有广泛渗透性。当前，以计算机视觉、机器学习、知识图谱、自然语言处理等为代表的人工智能技术已逐步应用到制造、金融、医疗、交通、安全、智慧城市等领域。未来随着技术不断迭代更新，人工智能应用场景将更为广泛，渗透到经济社会发展的方方面面。

人工智能的发展并非一帆风顺。自1956年在达特茅斯夏季人工智能研究会议上人工智能概念被首次提出以来，人工智能经历了20世纪50—60年代和80年代两次浪潮期，也经历过70年代和90年代两次沉寂期。近年来，随着数据爆发式的增长、计算能力的大幅提升及深度学习算法的发展和成熟，当前已经迎来了人工智能概念出现以来的第三个浪潮期。

人工智能是新一轮科技革命和产业变革的核心驱动力，将进一步释放历次科技革命和产业变革积蓄的巨大能量，并创造新的强大引擎，重构生产、分配、交换、消费等经济活动各环节，形成从宏观到微观各领域的智能化新需求，催生新技术、新产品、新产业、新业态、新模式。2018年麦肯锡发布的研究报告显示，到2030年，人工智能新增经济规模将达13万亿美元，其对全球经济增长的贡献可与其他变革性技术如蒸汽机相媲美。近年来，世界主要发达国家已经把发展人工智能作为提升其国家竞争力、维护国家安全的重要战略，并进行针对性布局，力图在新一轮国际科技竞争中掌握主导权。

德国2012年发布十项未来高科技战略计划，以“智能工厂”为重心的工业4.0是其中的重要计划之一，包括人工智能、工业机器人、物联网、云计算、大数据、3D打印等在内的技术得到大力支持。英国2013年将“机器人技术及自治化系统”列入了“八项伟大的科技”计划，宣布要力争成为第四次工业革命的全球领导者。美国2016年10月发布《为人工智能的未来做好准备》《国家人工智能研究与发展战略规划》两份报告，将人工智能上升到国家战略高度，为国家资助的人工智能研究和发展划定策略，确定了美国在人工智能领域的七项长期战略。日本2017年制定了人工智能产业化路线图，计划分3个阶段推进利用人工智能技术，大幅提高制造业、物流、医疗和护理行业效率。法国2018年3月公布人工智能发展战略，拟从人才培养、数据开放、资金扶持及伦理建设等方面入手，将法国打造成在人工智能研发方面的世界一流强国。欧盟委员会2018年4月发布《欧盟人工智能》报告，制订了欧盟人工智能行动计划，提出增强技术与产业能力，为迎接社会经济变革做好准备，确立合适的伦理和法律框架三大目标。

党的十八大以来，习近平总书记把创新摆在国家发展全局的核心位置，高度重视人工智能发展，多次谈及人工智能重要性，为人工智能如何赋能新时代指明方向。2016年8月，国务院印发《“十三五”国家科技创新规划》，明确人工智能作为发展新一代信息技术的主要方向。2017年7月，国务院发布《新一代人工智能发展规划》，从基础研究、技术研发、应用推广、产业发展、基础设施体系建设等方面提出了六大重点任务，目标是到2030年使中国成为世界主要人工智能创新中心。截至2018年年底，全国超过20个省市发布了30余项人工智能的专项指导意见和扶持政策。

当前，我国人工智能正迎来史上最好的发展时期，技术创新日益活跃、产业规模逐步壮大、应用领域不断拓展。在技术研发方面，深度学习算法日益精进，智能芯片、语音识别、计算机视觉等部分领域走在世界前列。2017—2018年，中国在人工智能领域的专利总数连续两年超过了美国和日本。在产业发展方面，截至2018年上半年，国内人工智能企业总数达1040家，位居世界第二，在智能芯片、计算机视觉、自动驾驶等领域，涌现了寒武纪、旷视等一批独角兽企业。在应用领域方面，伴随着算法、算力的不断演进和提升，越来越多的产品和应用落地，比较典型的产品有语音交互类产品（如智能音箱、智能语音助理、智能车载系统等）、智能机器人、无人机、无人驾驶汽车等。人工智能的应用范围则更加广泛，目前已经在制造、医疗、金融、教育、安防、商业、智能家居等多个垂直领域得到应用。总体来说，目前我国在开发各种人工智能应用方面发展非常迅速，但在基础研究、原创成果、顶尖人才、技术生态、基础平台、标准规范等方面，距离世界领先水平还存在明显差距。

1956年，在美国达特茅斯会议上首次提出人工智能的概念时，互联网还没有诞生；今天，新一轮科技革命和产业变革方兴未艾，大数据、物联网、深度学习等词汇已为公众所熟知。未来，人工智能将对世界带来颠覆性的变化，它不再是科幻小说里令人惊叹的场景，也不再是新闻媒体上"耸人听闻"的头条，而是实实在在地来到我们身边：它为我们处理高危险、高重复性和高精度的工作，为我们做饭、驾驶、看病，陪我们聊天，甚至帮助我们突破空间、表象、时间的局限，见所未见，赋予我们新的能力……

这一切，既让我们兴奋和充满期待，同时又有些担忧、不安乃至惶恐。就业替代、安全威胁、数据隐私、算法歧视……人工智能的发展和大规模应用也会带来一系列已知和未知的挑战。但不管怎样，人工智能的开始按钮已经按下，而且将永不停止。管理学大师彼得·德鲁克说："预测未来最好的方式就是创造未来。"别人等风来，我们造风起。只要我们不忘初心，为了人工智能终将创造的所有美好全力奔跑，相信在不远的未来，人工智能将不再是以太网中跃动的字节和CPU中孱弱的灵魂，它就在我们身边，就在我们眼前。"遇见你，便是遇见了美好。"

新一代人工智能2030全景科普丛书力图向我们展现30年后智能时代人类生产生活的广阔画卷，它描绘了来自未来的智能农业、制造、能源、汽车、物流、交通、家居、教育、商务、金融、健康、安防、政务、法庭、环保等令人叹为观止的经济、社会场景，以及无所不在的智能机器人和伸手可及的智能基础设施。同时，我们还能通过这套丛书了解人工智能发展所带来的法律法规、伦理规范的挑战及应对举措。

本丛书能及时和广大读者、同仁见面，应该说是集众人智慧。他们主要是本丛书作者、为本丛书提供研究成果资料的专家，以及许多业内人士。在此对他们的辛苦和付出一并表示衷心的感谢！最后，由于时间、精力有限，丛书中定有一些不当之处，敬请读者批评指正！

赵志耘

2019 年 8 月 29 日

序　言

人工智能作为新一轮产业革命的核心驱动力，颠覆性地改变了人类社会生产和生活方式，成为引领未来的战略性技术与经济发展的新引擎。2017年7月，国务院印发了《新一代人工智能发展规划》，提出了面向2030年中国新一代人工智能发展的指导思想、战略目标、重点任务和保障措施，部署构筑中国人工智能发展的先发优势，加快建设创新型国家和世界科技强国。新一代人工智能相关学科的发展、理论建模、技术创新、软硬件升级等得到了整体推进，正在引发链式突破，推动经济社会各领域从数字化、网络化向智能化加速跃升，催生新技术、新产品、新产业、新业态、新模式，引发经济结构重大变革，深刻改变人类生产生活方式和思维模式，实现社会生产力的整体跃升。

虚拟现实与增强现实（VR/AR）和人工智能（AI）有着彼此不可分割的密切联系。VR/AR更侧重于外部环境的视觉表现，倘若没有AI的完美融合，最终将可能沦为一种技术工具；只有兼具AI的潜质才可谓“插上翅膀”，真正挖掘出它的巨大潜能。而AI在探索和呈现人类智慧本质的同时，更需要通过机器视觉来捕捉现实，即实现图像识别，图像识别类似于AI的“五官”，这也是VR/AR的技术基础；换言之，AI是VR/AR的进一步延伸，对VR/AR的赋能体现在虚拟对象的智能化、交互方式的智能化、内容研发与生产的智能化，当技术与原理相融合，将迎来市场应用的大爆发。作为《新一代人工智能发展规划》的重点内容，虚拟现实与增强现实对加速中国产业转型、催生新的经济增长点同样具有重要意义和价值。VR/AR 和 AI 同为新一轮技术革命关键共性技术，相互融合必将拓展人类感知能力，促进产业业态和服务模式的跨界变革。

VR/AR 技术使人类站在与以往不同的角度审视世界、把握实现、扩展甚至颠覆传统认知，将现实中存在的、不存在的、所有匪夷所思的想法，通过数字可视化手段呈现在屏幕之上，创造出前所未有的视觉盛宴，从而引发视觉革命。与此同时，VR/AR 技术又把人类感官的认知能力与事物本质的关系推进了一个新境界，拓展了人类的认知空间和思维方式，从而引发思维革命。如果将视觉冲击视为认知的起源与动力，那么思维革命将成为认知变革的结果。由此可见，VR/AR 不仅是技术的创新，也是理念、思维的变革，更将成为一次深刻的商业模式革命。从商业角度看，由于 VR/AR 颠覆了传统的标准化的模式，突破了时空的限制，可以根据用户多场景化需求的特点，将传统的标准化方案转变成场景化、个性化方案，VR/AR 所带来的沉浸感、交互感与想象感催生出具有较大潜力的多元化产业革命。

《虚拟现实与增强现实——从视觉革命到思维革命的演进》一书聚焦 VR/AR 的概念、特征、发展历程和关键技术，以及其在医疗、工业、教育、能源、新零售、新媒体、智能建造和数字城市等领域的应用。本书从计算机视觉变革的视角，通过提炼和分析计算机视觉新技术和 VR/AR 典型实践来阐述由此引发的各个领域、不同行业的模式变迁，从而提升读者对 VR/AR 的认知水平。

本书由天津大学沈江教授、潘军任主编，参与本书编写工作的还有甘丹、吴佳超、刘福升、李玲玲、田迪、陈新月等；在本书编写过程中，还得到了为数众多的行业同人和同事的鼎力相助；本书的责任编辑对书稿提出了许多中肯且可行的审读意见和修改建议，在此一并表示衷心的感谢！

由于编者学识及精力水平有限，加之虚拟现实与增强现实技术发展速度迅猛，书中难免会有不当甚至错误，敬请读者批评指正，并反馈给我们，以便再版时订正！

沈江、潘军

2019 年 12 月于天津大学

目　录

第一章

VR/AR概述：从视觉革命到思维革命的演进

虚拟现实（virtual reality，VR）提供了完整统一的虚拟环境，将现实环境投入到虚拟环境之中、虚拟信息带入到现实世界之中。并通过增强现实（augmented reality，AR）将虚拟和现实相结合，在现实基础上，增加辅助的虚拟图像，将虚拟的信息应用到真实世界。混合现实（mixed reality，MR）既包括了虚拟现实又包含了增强现实，将现实和虚拟世界产生的可视化环境合并，在新的可视化环境里实现多人交互。虚拟现实、增强现实、混合现实各具特色而又相辅相成。通过这些技术的相互配合，人们能够轻易地对未来成品进行预览，并对当前的设计进行更完善的构想，增强对物体的了解，更好地设计和修改物体。作为开创虚拟制造先河的波音公司，早在20世纪便引入了全程无纸化设计的理念，使得波音777成为世界上第一款完全以电脑立体CAD绘图技术设计的民用飞机。如今，虚拟不断地映射到现实之中，给人们带来了一系列视觉上的变化，拓宽了人们的认知空间，逐渐形成了新的思维，最终必将引发一场思维革命的浪潮。

1.1 开篇案例：VR/AR 技术引发波音制造思维变革

波音公司是全球最大的航空航天业公司，也是世界领先的民用和军用飞机制造商。该公司在不断扩大产品线和服务、研发先进的技术解决方案的同时，需要采用先进的技术推进产品的研发，进而实现波音公司的战略布局。

在波音 777 客机的设计上，波音公司采用了虚拟现实技术，利用现代科技的手段，人为制造一个虚拟的空间，人们能够在这个空间中进行看、听、移动等交互活动，就像在真的环境中一样（图 1–1）。通过虚拟现实的投射和动作捕捉技术，完成了对飞机外形、结构、性能的设计，极大地提高了生产效率。

图 1–1 基于虚拟现实的飞机结构可视化

资料来源：http://www.langtuvr.com/index.php?m=content&c=index&a=show&catid=14&id=65。

1.1.1 VR/AR 成为波音公司的秘密武器

在飞机的研制过程中，需要漫长的周期，1986 年波音通过对市场需求的调研，提出了被称为 767–X 的开发计划。1990 年 10 月，波音 777（767–X）正式对外公开，并被波音董事会正式批准生产波音 777 系列全新机种。

波音 777 是世界第一款完全以电脑立体 CAD 绘图技术设计的民用飞机，整个设计工序中都没有采用传统绘图纸方式，而是利用虚拟现实技术，事先“建造”

一架虚拟的波音 777，让工程师可以从中及早发现任何误差，以确保机上成千上万的零件在被制成昂贵实物原型前，能够清楚计算安放的位置是否稳妥，并节省了开发时间和成本。利用虚拟现实技术，使得在原型机建造时，各种主要部件一次性成功实现了对接。波音公司对虚拟现实技术的使用，帮助波音公司大幅缩短了研制周期，提高了生产效率与产品质量。

在飞机研制过程中，利用虚拟现实技术展现飞机的立体面貌，使研发人员能够全方位构思飞机的外形、结构、模具及零部件使用方案，还能大幅提升对空气动力学的把握和产品性能的精准性。并通过一体化建模与仿真，使设计人员在早期即可清晰地看到各部分之间彼此交互的情况，可显著提高系统的集成性，并降低项目的成本和风险。还可以借助建模和仿真及虚拟现实技术，在计算机上以虚拟的方式对其验证机进行反复的设计和建造。当设计成熟时，可以采用电子方式对更改和特定的关联进行审查。

1.1.2　VR/AR 使波音公司成绩斐然

庞大的波音 777 飞机有 300 万个部件，其设计过程却没有使用过一张图纸，也没有做任何 1∶1 模型，全部都在电脑系统中模拟完成，并且这种全数字化的飞机设计方式已成为一种潮流。

飞机设计师可在计算机网络上进行三维模拟仿真，使得众多不同专业的工程师同时针对飞机的同一构件进行虚拟操作，极大地节省了时间。开发波音 777 飞机的工程师团队及他们的供货商在相隔数千公里的距离，通过一个共同的虚拟空间一起工作，因此不同的专业团队可以通过虚拟访问对飞机的各部分进行数字化预装。当各个团队负责的部件设计完毕后，他们把这些数字设计及时传输并汇总到一起，最终形成经过多次模拟优化的波音 777 飞机数字模型。波音 777 的 300 万个零部件的尺寸和形状数据在工作开始时就被存入了数据库，飞机设计师在需要时，可随时从部件数据库中寻找匹配的部件，无须重新设计。

将虚拟现实技术应用于 777 型和 787 型飞机的设计上，完成了对飞机外形、结构、性能的设计，所得到的方案与实际飞机的偏差小于千分之一英寸。并且采用虚拟现实技术设计的波音 777 飞机，设计错误修改量减少 90%、研发周期缩短 50%、成本降低 60%，开创了虚拟制造的先河（图 1-2）。

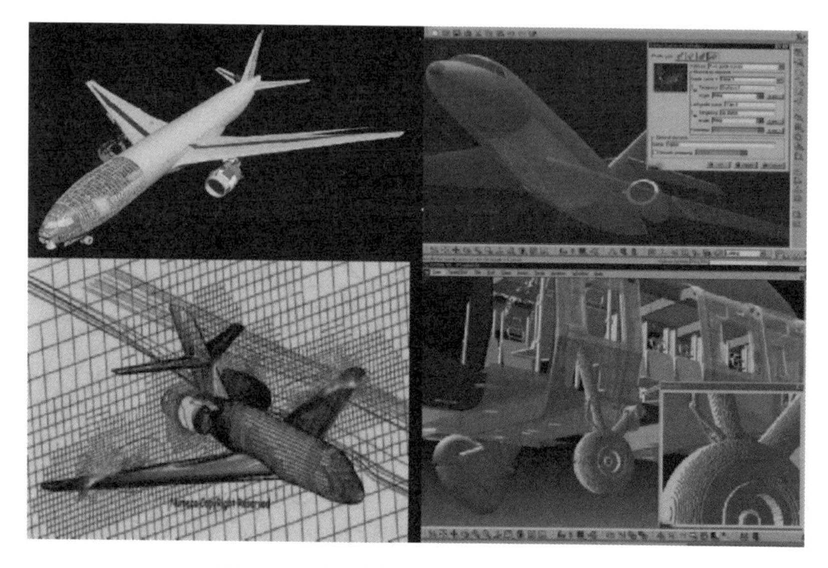

图 1-2　基于虚拟现实的数字样机研制

在波音的虚拟现实实验室中，JSF 设计师和维修人员可以带上头盔显示器和数据手套，使自己的身体沉浸于一种虚拟环境中，模拟进行维修作业。该实验室的虚拟现实系统能够使用户直接看到当前的设计下某一特定维修作业是否可行。这些工作不仅显著降低了每飞行小时的维修时长，而且大大地降低总保障费用。

此外，不仅波音公司将虚拟现实技术应用到了航天工业中，各国还将其用于武器系统的设计与评估、军事训练等方面，这为虚拟现实开辟了广阔的应用前景。虚拟现实技术的存在直接改善了人们利用计算机进行多工程数据处理的方式，特别是在对大量抽象数据进行处理的过程中应用这一技术能够起到更好的效果，不同领域应用中获得极为显著的经济效益。

1.2　揭开神秘面纱：VR/AR 现象与本质

人类通过科技将社会现实中已经长期存在的或者是还不存在的可能性转化为计算机语言而实现虚拟的存在。但是虚拟不仅仅局限于科学技术现象，还可以仿真社会经济现象。虚拟现实是借助于计算机等人类现代科学技术的一种创造性的活动；它不完全是思维活动，同时还包括了技术层面的运作；并且虚拟不仅仅是超越现实的创造性思维活动，而是一种对社会经济现实的反映和对现实事物的创造性改造。因此，虚拟不是简单地对社会现实的模拟和反映，同时还是对现实的一种超越和重新诠释。

虚拟现实技术的应用为人类认识世界提供了一种全新的方法和手段，可以使人类跨越时间与空间，去经历和体验世界上早已发生或尚未发生的事件；可以使人类突破生理上的限制，进入宏观或微观世界进行研究和探索；也可以模拟那些因条件限制等原因而难以实现的情景。

随着各种高新技术的深度融合与相互促进，虚拟现实技术已经不仅仅是一个媒体或一个高级用户界面，同时它还是为解决教育、军事、工业、娱乐、医疗、智慧城市建设等方面的问题而由开发者设计出来的应用软件。并且，虚拟现实与增强现实的结合，能够将虚拟信息技术融入现实环境当中，对真实环境信息进行补充和加强，达到再现真实环境的目的。另外，人们可以介入其中参与交互，使得虚拟现实系统可以在许多方面得到更广泛的应用。

1.2.1　走进 VR 虚拟空间

虚拟现实是什么?

1989 年，VPL 公司的 Jaron Lanier 首次提出“虚拟现实”的概念；1993 年，Isdaie 在 Internet 发布的文章中表述的概念是：虚拟现实是人类与计算机和极其复杂的数据进行交互的一种方法。1990 年，在美国达拉斯召开的国际会议上明确了虚拟现实的主要技术构成，即实时三维图形生成技术、多传感交互技术及高分辨率显示技术；虚拟现实技术系统主要包括：输入输出设备，如头盔式显示器、立体耳机、头部跟踪系统以及数据手套；虚拟环境及其软件，用以描述具体的虚拟环境等动态特性、结构及交互规则等。1993 年，Burdea 提出了虚拟现实的三大特征，即沉浸感（immersive）、交互感（interaction）和想象感（imaginative）（图 1–3）。

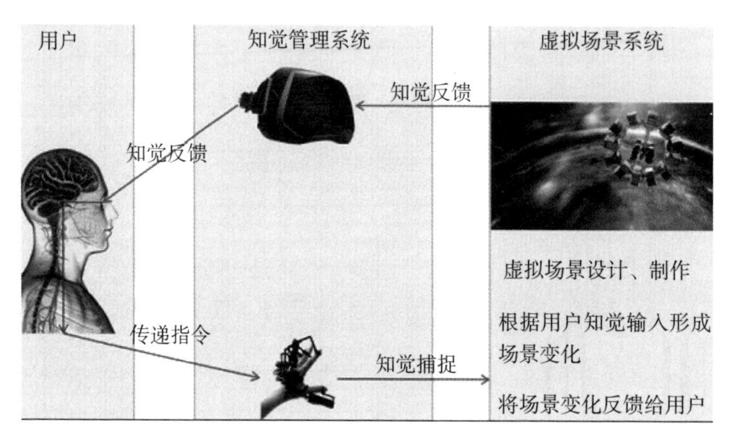

图 1–3　虚拟现实基本原理

资料来源：http://www.ocn.com.cn/chanye/201603/gflnj14153424.shtml。

综合众多学者观点，可将虚拟现实定义为：虚拟现实技术是一种可以创建和体验虚拟世界的计算机仿真系统，它所利用的是计算机生成的一种模拟环境。它是一种多源信息融合的、交互式的三维动态视景和实体行为的系统仿真，能够使用户沉浸到该环境中。该技术集成了计算机仿真、显示、计算机图形、人工智能、传感等多项技术成果，是以计算机技术作为核心，生成一个逼真的视、听、触一体化环境，使得用户能够在其中获得较为直接的感官感受。总而言之，虚拟现实技术是一项综合集成技术，其涉及多个领域，且自身所独有的特征能够让人自然地体验虚拟世界，从而获得身临其境之感。

知识图谱融入虚拟现实

知识图谱（knowledge graph，KG）在图书情报界称为知识域可视化或知识领域映射地图，是显示知识发展进程及结构关系的一系列各种不同的图形，用可视化技术描述知识资源及其载体，挖掘、分析、构建、绘制和显示知识及它们之间的相互联系。

知识图谱是通过将应用数学、图形学、信息可视化技术、信息科学等学科的理论与方法及计量学引文分析、共现分析等方法结合，并利用可视化的图谱形象地展示学科的核心结构、发展历史、前沿领域及整体知识架构达到多学科融合目的的现代理论。它把复杂的知识领域通过数据挖掘、信息处理、知识计量和图形绘制而显示出来。将虚拟现实与知识图谱相结合，能够揭示知识领域的动态发展规律，为虚拟现实的研究提供切实的和有价值的参考。

对于虚拟的理解也在悄悄地发生着变迁。人类通过科技，把社会现实中已经长期存在的或者是还不存在的可能性转化为计算机语言而实现虚拟的存在。但是虚拟不仅仅是一种科学技术现象，同时还是一种重要的社会现象。虚拟现实借助于计算机的发展，成为人类现代科学技术的创造性活动。并且虚拟现实将思维活动与技术层面的运作相结合，成为对社会现实的反映和对现实事物的创造性的改造。因此，虚拟现实更深层次的是对现实的一种超越和重新诠释。

虚拟现实技术三角形

虚拟在计算机网络中是以数字化方式实现的生存，它是一种不可忽视的存在。虚拟是通过数字化方式实现的，它是非物理、非物质的存在。虚拟的体验是在计算机网络里建立起来的，并不是建立在社会现实的基础之上的，但它又是人的一种社会性活动，这种体验具有二重性——现实性和虚拟性。1993年，Burdea提出了“虚拟现实技术三角形”（triangle of virtual reality technology，TVRT）来表述虚拟现实的三个基本特征：沉浸感、交互感及想象感，即Immersion-Interaction-Imagination，简称3I。其中，沉浸感是虚拟现实系统的核心，交互感是要求，而想象感则是目的。

沉浸感

虚拟现实技术最主要的技术特征是让用户觉得自己是计算机系统所创建的虚拟世界中的一部分，使用户由观察者变成参与者，沉浸其中并参与虚拟世界的活动。沉浸感来源于对虚拟世界的多感知性，除了常见的视觉感知外，还有听觉感知、力觉感知、触觉感知、运动感知、味觉感知、嗅觉感知等。

沉浸感用来描述被试者作为主角存在于虚拟环境中的真实程度。它借助特殊设备，使被试者能够感到作为主角存在于模拟环境中，提供一种身临其境的感觉，是虚拟现实系统的核心，可以360度自由观察虚拟现实的环境。一般计算机图形可以提供二维或三维的局部图形，或者是预先设定好的固定路径，人们必须根据局部图形，相互组合想象出具体的想象空间。想象空间给人的感觉是片面的、局部的、不具体的、有差异的、不完整的。虚拟现实可以提供完整统一的虚拟现实环境。当戴上头戴式的显示器进入虚拟现实环境，可以在虚拟现实环境中抬头看到天空，低头看到地，观察周边的整体环境，参与者能以自然直接的方式与计算机进行人机数据交互。利用虚拟现实的沉浸功能，用户暂时隔离现实的真实环境，投入到虚拟的现实环境中，从而得到在虚拟现实环境中的真实体验感。

VR电影可谓“制造沉浸感”的典型范例，观众通过佩戴VR眼镜看到立体的画面，因其视角的特殊性，使观众觉得电影的一切就像发生在自己身边，再辅以立体环绕的音效，给观众带来宛如身临其境的震撼效果。

交互感

交互感是指用户对模拟环境内物体的可操作程度和从环境中得到反馈的自然程度。虚拟现实系统强调人与虚拟世界之间进行自然的交互，交互感的另一个方面主要表现了交互的实时性。交互感还可被广泛地应用于诸多方面，如艺术家通过虚拟现实立体地观察作品，放大想要查看的细节，增强对作品的了解，使其能够更好地创造和修改作品。

交互感的产生主要是通过人机交互及各种感应设备来完成的，在模拟环境中实现现实的动作行为，参与者设备能够识别其身体动作和姿势，通过与参与者进行视觉、声音、触觉、运动姿势等全感官的信息交互，实现虚拟现实环境下的交互性指令输入，用人类在自然环境中学习到的技能，实现对虚拟现实环境的考察和操作。参与者与虚拟现实环境之间，可以进行多维信息的交互作用，参与者与虚拟现实环境的交互感表现在参与者的操作能使虚拟的现实环境发生变化。

想象感

虚拟现实环境可使人沉浸在多维信息空间中，并依靠自己的感知和认知能力全方位地获取知识，提高感性和理性认识，发挥主观能动性，寻求解答，从而深化概念并萌发新意，形成新的概念，进一步激发人的创造性思维。

想象感是指虚拟现实环境为被试者提供的构想空间，被试者可在虚拟环境中模拟一件未执行的事所具有的多种结果，将各项结果进行对比可得出最佳的执行方案。被试者通过沉浸感及交互性，对虚拟环境和现实环境进行联想，了解其运动的规律性。例如，在传统的工程设计场景中，用户具有对“过去需求”和“当前设计”的综合需要，设计成品更多的是工程师脑海中的想象。通过虚拟现实，用户可以轻易获得“未来的成品”预览，能够对当前的工程设计进行更完善的构想。

1.2.2 AR 感官体验

增强现实是什么?

1992 年，波音公司的研究人员 Tom Caudell 和 David Mizell 在论文“Augmented reality：an application of heads-up display technology to manual manufacturing processes”中首次使用了“增强现实”一词，用来描述将计算机呈现的元素覆盖在真实世界上这一技术。而在 1994 年 AR 又被定义为两种不同的概念：广义概念和狭义概念。在广义概念中，AR 被定义为用模拟线索增强自然场景并反馈给操作者。狭义概念中则将 AR 定义为参与者戴着透明的头盔显示器以清晰地看到真实世界的虚拟现实的形式。1997 年，Ronald Azuma 发布了第一个关于增强现实的报告。在其报告中，他提出了一个已被广泛接受的增强现实定义，这个定义包含三个特征：将虚拟和现实结合、实时互动、基于三维的配准（又称注册、匹配或对准）。Milgram 在后续的研究中对增强现实重新进行了定义，他认为增强现实技术是一个从真实到虚拟的环境的连续统一体。而 2008 年 AR 又有了更广泛的定义，他们认为这是一种真实世界被动态叠加上相关位置或虚拟信息的一种场景技术。目前，认可度最广的是“米尔格拉姆真实虚拟连续集”（milgram’s reality-virtuality continuum，MRVC）的定义，这是一种从完全真实的环境到完全虚拟环境的模式，这个连续集中真实环境与虚拟环境之间的空间被称为混合现实（mixed reality，MR）（图 1–4）。

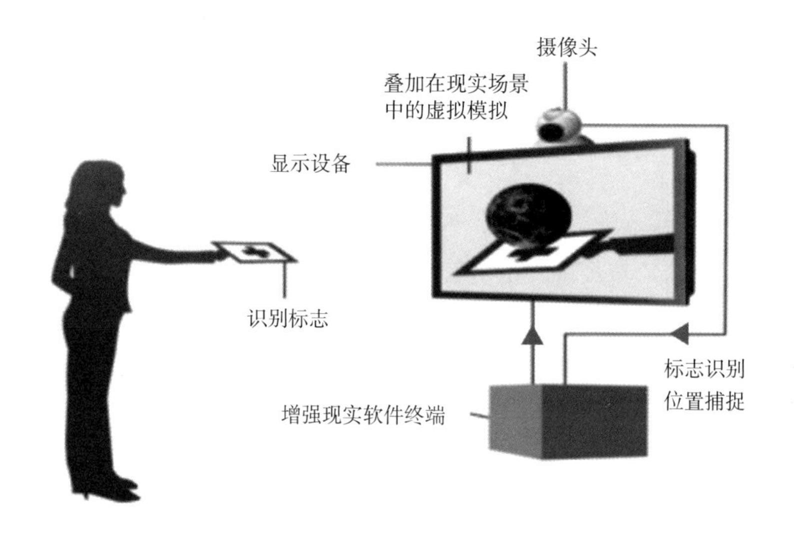

图 1–4 增强现实原理

资料来源：http://www.ocn.com.cn/chanye/201603/gflnj14153424.shtml。

归纳众多学者观点，可将增强现实定义为增强现实是在虚拟现实技术的基础上发展起来的，可以实现真实世界信息和虚拟世界信息无缝集成的新技术，是把原本在现实世界的实体信息，如视觉信息、声音、味道、触觉等，通过电脑等科学技术，模拟仿真后再进行叠加，将虚拟的信息应用到真实世界，被人类感官所感知，从而达到超越现实的感官体验，即增强现实就是在现实世界的基础上，叠加了一层假信息。

增强现实三大特征

增强现实系统的主要任务是进行真实世界和虚拟物体的无缝融合，需要解决真实场景和虚拟物体的合成一致性问题。增强现实借助计算机图形技术和可视化技术产生现实环境中不存在的虚拟对象，通过传感技术将虚拟对象准确地“放置”在真实环境中，并借助显示设备将虚拟对象与真实环境融为一体，然后呈现给使用者一个感官效果真实的新环境。在视觉化的增强现实中，当用户利用头盔显示器，把真实世界与计算机图形多重合成在一起时，便可以看到真实的世界围绕着它。这些恰好体现出虚实结合、实时交互、三维沉浸的三大特征。

虚实结合

增强现实强调虚实结合，它将依靠计算机技术构建出的文字、图片、视频、音频、网站链接、三维模型、三维动画、全景信息等和物理世界相结合，让物理世界和虚拟对象合为一体。将虚拟的物体叠加或合成到真实世界中。而对于这种结合，不仅仅是简单地将虚拟内容与现实世界叠加在一起，而是最大限度地将虚拟信息内容与现实环境融合为一体，身在其中的人不仅能够感受到现实世界的存在，同时还能感知到虚拟信息的内容。它允许学习者看见虚拟和现实融合的世界，强化真实，而不是完全代替他。因此，通过真实环境与虚拟环境的融合，用户可以方便地对内容进行细致的观察，探索其奥秘，实现虚实结合的最大效果。

实时交互

AR 技术将虚拟信息技术融入现实环境当中，对真实环境信息是一种补充和加强。而对于使用者而言，AR 技术由于复合在真实环境当中，虚拟信息的内容会随着真实环境变化而同步改变，使用者身处真实的环境当中，能够感受被虚拟信息加强的真实环境信息，他们可以与虚拟信息进行主动式的互动交流，这种交流必然是全方位的，所以他们可以根据自己的需要，主动操作实现多种途径的互动交流。AR 技术采用的是全息交流模式，使用者可以多途径、多元化进行信息交换互动，这种交流模式可以多维度地促进使用者获得想要的知识和内容，是以往信息技术所无法实现的。AR 实现虚拟世界和物理世界的实时同步交互，满足用户在物理世界中真实地感受虚拟空间中模拟的事物，增强用户体验效果。

三维沉浸

即根据学习者通过三维空间的运动来调整计算机所产生的增强信息，将真实世界信息和虚拟世界信息无缝结合。增强现实技术构建出的真实感体验环境，能够使用户体验到真实物理世界的认知体验。同时，由于 AR 系统是三维注册的，所以可根据用户在真实空间中的位置的变化做出调整，保证人、环境、虚拟信息的同步性。这种真实感的体验为用户构建了一个“真实”的环境，让用户更容易沉浸在虚实结合的环境中。

1.3 VR/AR：同源而生又各自衍生

虚拟现实与增强现实同根同源，同时又各具特点。虚拟现实通过计算机生成可交互的三维环境，给予用户一种在虚拟世界中完全沉浸的效果，即创造另外一个世界。增强现实能够在真实环境的基础上，将虚拟的场景和对象等叠加在现实环境中，利用同一个画面进行呈现，增强用户对现实世界的感知。

1.3.1 VR/AR 系出一脉

虚拟现实是通过计算机对复杂数据进行可视化处理与交互的一种方式。利用计算机生成逼真的三维视、听、嗅等感觉，使人作为参与者通过适当装置自然地对虚拟世界进行体验和交互作用。虚拟现实和增强现实在计算机设备和所应用的技术上有很大的共同之处。

增强现实技术是在虚拟现实技术的基础上发展起来的一种新兴计算机应用和人机交互技术，二者均涵盖了计算机视觉、图形学、图像处理、多传感技术、人机交互等多个领域。虚拟现实技术与增强现实技术都是依托于计算机技术，且两者都是对人类感官感受的模拟，虚拟现实创造出了全新的环境，增强现实则在虚拟现实的基础上加强了人们对真实环境的体验。并且，两者都是需要通过使用一定设备才能实现功能的应用。

虚拟现实中的现实泛指物理意义上或功能意义上存在于世界上的任何事物或环境，它可以是实际上难以实现的甚至是不可能实现的，而虚拟是指通过计算机生成。增强现实技术同样是利用计算机产生的虚拟信息对用户所观察的真实环境进行融合。增强现实技术提供了在一般情况下人类不可感知的信息，同样也可以看作一种虚拟，因此，虚拟现实和增强现实如出一辙，有着密切的联系。

1.3.2　VR/AR 各有千秋

核心技术不同

虚拟现实主要依靠 Graphics 等运算技术创造虚拟世界，然后将用户的意识逐步引入虚拟世界，期待给用户带来新的体验。增强现实在真实场景上创造虚拟场景，虚拟场景只是对真实场景的补充，或者便于用户跟真实场景交互。增强现实主要应用计算机视觉技术（computer vision，CV），该技术包含物体识别、地理定位及根据场景不同所需要的即时推演等。除此之外，虚拟现实和增强现实所涉及的核心技术和发展方向也不同。

沉浸体验场景不同

虚拟现实直接创造虚拟世界，将用户的意识逐步引入虚拟世界中，给用户带来新的体验；增强现实则在真实场景上创造虚拟场景，虚拟场景只是对真实场景的补充。虚拟现实技术注重用户在虚拟环境中的视觉、听觉、触觉等感官的完全浸没，让用户沉浸在一个完全由计算机创造的虚拟幻境之中并与之发生交互；而增强现实技术不要求用户同现实环境完全隔绝，强调用户在现实世界的存在性并努力维护，其感官效果具有不变性，不要求视觉、听觉、触觉等感官的完全浸没。增强现实技术致力于将计算机系统产生的虚拟幻境与真实环境融为一体，进而强化用户对现实世界的感知。

虚拟现实通过计算机生成可交互的三维环境，给予用户一种在虚拟世界中完全沉浸的效果，即创造另外一个世界。增强现实则是在真实环境的基础上，将虚拟的场景和对象等叠加在现实环境中，利用同一个画面进行呈现，增强用户对现实世界的感知。虚拟现实技术会使人在情境中有一种沉浸感，增强现实技术会让人在虚拟情境与现实环境中有着直接的交互关系，却又有着各自独特的表达方式。

场景扩展不同

虚拟现实技术的优势在于创造虚拟环境。用户沉浸在虚拟环境中，感官体验真实存在，而相对于真实环境，它又不存在。虚拟现实技术相当于映射，可以模仿高成本、对人有危险或目前尚未出现的真实环境。因此，可以应用于虚拟教育、数据和模型的可视化、军事仿真训练、工程设计、城市规划、娱乐和艺术等方面。

与虚拟现实不同，增强现实技术不是以虚拟世界代替真实世界，而是利用多种技术将虚拟环境附加到现实环境中，进而实现自动识别、跟踪物体。因此，其应用侧重于提升工作、生活等方面的学习。应用方向有辅助教学与培训、医疗研究与解剖训练、军事侦察级作战指挥、精密仪器制造与维修、远程机器人控制、娱乐等领域。

1.4 从视觉革命到思维革命的转变

VR/AR 现象：虚拟空间对物理空间映射引发视觉革命

VR/AR 技术搭建仿真的虚拟世界，通过虚拟空间对物理空间映射（physical space mapping，PSM），帮助用户拓展听觉、触觉、力觉、运动等全方面沉浸式体验。在虚拟现实中，你可以“真实”地踏上火星的表面，也可以自由触摸海底的岩石，听到水流涌动的声音，看到人体内部的血管。虚拟现实技术根据人的生理与心理特点，使人产生身临其境的视觉、听觉和触觉等反应，人们可以在这一虚拟空间中亲身体验一种经历。这种体验不是仅停留在想象中，而是具体的、可感知的。

虚拟现实技术使人类得以站在更高的起点审视世界、把握生活，彻底打开想象的闸门，现实中存在的、不存在的、所有匪夷所思的想法都可借助电脑呈现在屏幕上，创造了许多前所未见的视觉奇观，带来了视觉上的巨大变化，并因此为我们带来了无尽的想象力。

VR/AR 本质：物理空间向虚拟空间延伸引发思维革命

虚拟现实技术改变了现实与虚拟的认知界限，开创了视觉体验，也拓展了人的认知空间和思维方式。以往的世界观正在被打破，新的思维方式正在逐渐形成。在虚拟现实的时代中，人人都是创造者，人类也将因此丰富思维能力、改变思维方式，创造出更多惊艳的作品与体验，实现了物理空间向虚拟空间延伸（virtual space extension，VSE）。

虚拟现实技术把人类感官功能的认识能力与事物本质的关系推进了一个新境界，而科学技术正是依赖于视觉、触觉等感性认识转变而来的。因此，视觉的冲击是认识的最初起源，也将会引起思维方式的改变。思维能力作为一种“物理识别感知 + 转换 + 软件解析 + 数据库”组合能力，使得每个人根据自己不同的数据库，展现出不同的思维能力和创造能力，促使科学技术进一步发展。虚拟现实技术不仅是新技术、新形态和新的经济增长点，也是新理念、新思维，更是一次深刻的商业模式革命。虚拟现实技术为人类带来了视觉盛宴（visual feast，VF），扩展想象空间，进而引发新一轮思维革命浪潮的到来。

VR/AR 模式：客户多场景化需求衍生商业模式革命

虚拟现实技术扩展的想象空间为商业模式提供了极有价值的思路。波音公司首先利用虚拟现实技术打破了原有的制造机制，使得相隔数千公里、成百上千个不同专业的工程师在同一个虚拟空间中对飞机的同一构件同时进行虚拟操作，将难以构造的空间想象呈现在眼前，事先“制造”一架虚拟的波音 777 飞机，开创了虚拟制造的先河。

虚拟现实技术引发的思维革命，可以根据用户多场景化需求的特点，将传统的标准化方案转变成了场景化、个性化方案。VR 技术的应用，使得用户能够在虚拟空间中直观地接触整个设计方案，感受作品结构、材料、外观等，并根据自己的喜好对设计方案进行客观评价及相关参数的调整，从而设计出更科学、更贴近生活、更场景化和个性化的作品。此外，还可以根据不同用户的特点，设计丰富的交互环节，让用户与虚拟场景进行深度互动，完全颠覆传统的标准化模式，突破时空限制，制定场景化、个性化方案。

VR/AR 业态：AI+VR/AR 触发多元化产业革命

新一轮技术革命和产业业态变革正在蓬勃发展，虚拟现实与 AI 同为关键共性技术，拓展了人类感知能力，改变了产业形态和服务模式。VR/AR 技术侧重于外部环境中感官等视觉变革，而 AI 技术侧重于人类智慧本质的探索。将 AI 与 VR/AR 相结合，能够使虚拟对象摆脱以往僵硬木讷的形象，使其拥有一定的智慧，甚至是独特的个性。未来，AI+VR/AR 将会成为人们日常使用的工具之一，其能够独立思考并处理各项事务，然后运用 VR/AR 技术视觉化呈现，为不同用户量身打造行业应用和定制化内容，辅助改善自身生产和管理过程。

AI 和虚拟现实技术相互融合，有着天然的联系，AI 对虚拟现实赋能体现在虚拟对象智能化、交互方式智能化、虚拟现实内容研发与生产智能化。两种技术的融合发展开辟新一代信息技术产业新的增长源。VR/AR 所带来的沉浸感、交互感与想象感 +AI 催生出最具潜力的多元化产业革命。

第二章

VR/AR 的前世今生

从古到今，人类都有一种探索未知世界的欲望。原始人的岩画、中国古代的兵马俑、古希腊的雕塑、各类的神话故事，其实都表达了人类对未知空间的想象与向往。但这些方式都无法让人们有身临其境的感觉，到了 20 世纪，随着计算技术、电影电视技术的发展，虚拟现实和增强现实逐步进入各行各业。

公元前 427 年的古希腊时代，哲学家柏拉图在提出“理念论”时，讲了一个著名的洞穴比喻：“设想在一个地穴中有一批囚徒，他们自小待在那里，被锁链束缚，不能转头，只能看面前洞壁上的影子。在他们后上方有一堆火，有一条横贯洞穴的小道；沿小道筑有一堵矮墙，如同木偶戏的屏风。人们扛着各种器具走过墙后的小道，而火光则把透出墙的器具投影到囚徒面前的洞壁上。囚徒自然地认为影子是唯一真实的事物。如果他们中的一个碰巧获释，转过头来看到了火光与物体，他最初会感到困惑；他的眼睛会感到痛苦；他甚至会认为影子比它们的原物更真实。”这是目前业内认为关于虚拟现实最早的模糊性描述。

VR/AR 的发展大致经历了以下 6 个阶段：文学或艺术创作者思考触发的 VR 模糊幻想阶段、虚拟空间对物理空间映射的实现催生萌芽阶段、物理空间向虚拟空间扩展延伸的技术积累阶段、客户多场景化需求衍生的VR/AR产品迭代阶段、知识图谱创建与AI应用进阶导致的静默酝酿阶段及大智移云技术实现VR/AR+AI引爆的井喷阶段。VR/AR发展的里程碑节点如图2-1所示。

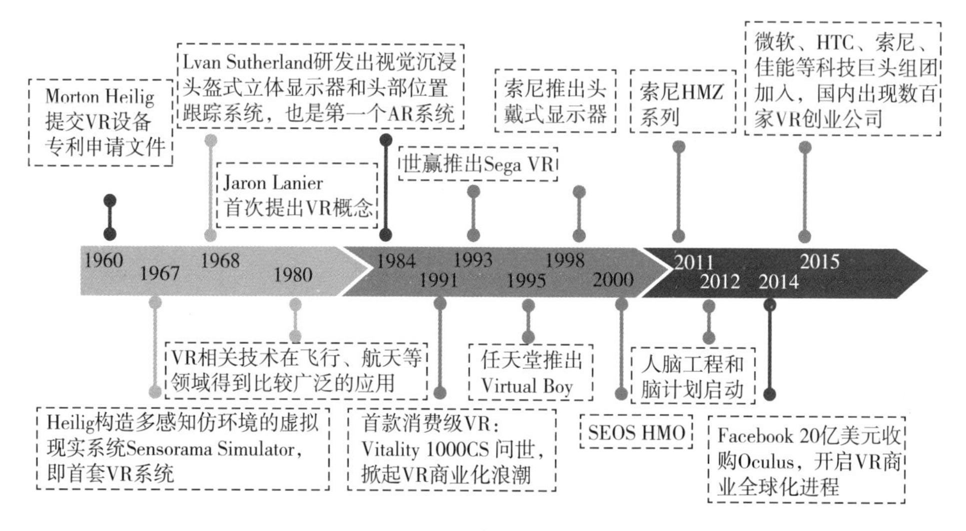

图2-1 VR/AR发展的里程碑节点

2.1 模糊幻想阶段：文学或艺术创作者思考触发

人类对科技的挺进最先都是基于文学或者艺术作品体现出来。先由一个作家在一个作品中提出，接着另外一个作家在另一个作品里完善，慢慢把人类在发展过程中所遇到的需求包装成科幻作品提出来，等待伟大的科学家将其变为现实。幻想阶段的VR究其根本是对生物在自然环境中的感官和动态的交互式模拟。

1956年以前，VR是以模糊幻想的形式见诸各大文学作品中。其中最著名的是英国著名作家阿道司·赫胥黎（Aldous Leonard Huxley）于1932年推出的长篇小说《美丽新世界》。这本小说以26世纪为背景，描写了机械文明的未来社会中人们的生活场景，书中提到“头戴式设备可以为观众提供图像、气味、声音等一系列的感官体验，以便让观众能够更好地沉浸在电影的世界中”。3 年后的 1935 年，美国著名科幻小说家斯坦利 · 威因鲍姆发表小说《皮格马利翁的眼镜》。该书提到一个叫阿尔伯特·路德维奇精灵族教授发明了一副带有“护目镜和橡皮喉舌”的眼镜，能够播放藏在奇怪液体中的全息记录，带来景点、声音、气味，甚至是佩戴者的触觉。当人们戴上这副眼镜后，就能进入到电影当中，看到、听到、尝到、闻到和触到各种东西。

这两篇小说是目前公认对“沉浸式体验”的最初描写，书中提到的设备预言了如今的 VR 头盔。在此之后，相继出现一些其他具有前瞻性描述 VR 的文学作品。例如，1950 年，美国科幻作家雷 · 道格拉斯 · 布莱伯利在小说《大草原》中提到 VR 旅游桥段。该书描述了一所叫 Happy life 的房子，里面装满了各种各样的机器，能让孩子置身于非洲大草原，并感觉一模一样，即如今的沉浸感体验（图 2-2）。

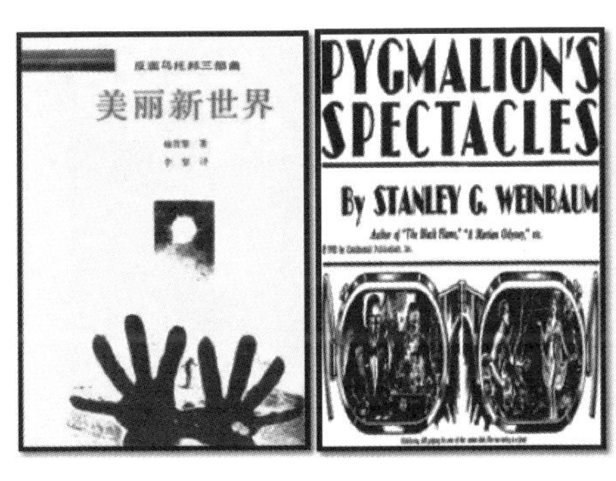

《美丽新世界》　《皮格马利翁的眼镜》　《戏剧及其重影》　《大草原》

图 2-2　模糊幻想阶段的 VR 文学或艺术作品

资料来源：https://wenku.baidu.com/view/1538912a3868011ca300a6c30c2259010202f373.html? from=search。

2.2　催生萌芽阶段：虚拟空间对物理空间映射

继文学或艺术创作者思考触发 VR 模糊幻想之后，电影摄影师 Morton

Heilig 拿起接力棒，即便他并非工程师或计算机科学家，因对电影的热爱，促使他发明了世界上第一台 3D VR 体验设备的机器——Sensorama。这台名为 Sensorama 的机器成为 VR 头显的雏形，它不仅能够播放普通视频，还能让人感受到风声、味道、震动效果等。坐在机器前，能感受到摩托车骑行的声响、震动及迎面而来的微风和布鲁克林马路的气息，实现了视频播放和增强感官体验于一体的功能。以数字方式模拟真实世界，完成虚拟空间对物理空间的映射，将 VR 由模糊幻想变为现实体验。

此外，Heilig 还先后发明了不少 VR 产品。例如，可移动虚拟现实体验设备 Telesphere Mask，并于 1960 年获得专利。该设备能够给观众带来完全真实的感觉，如移动彩色三维图像、沉浸式的视角、立体的声音、气味和空气流动的感觉（图 2–3）。

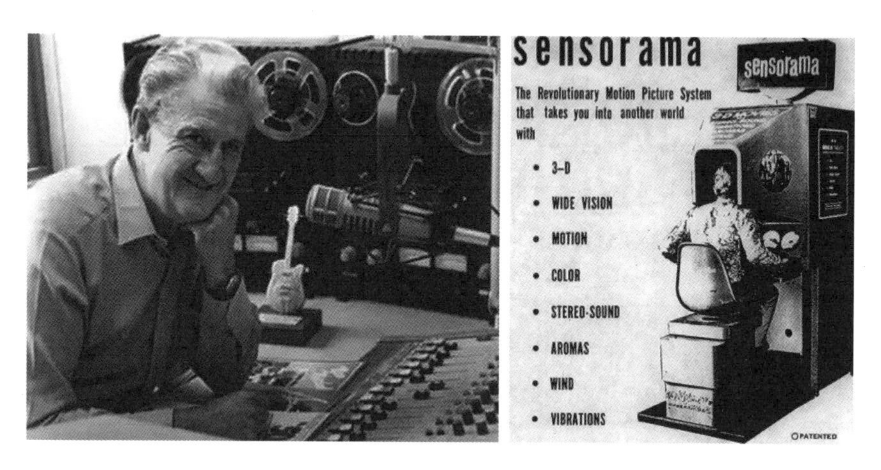

图 2–3 Morton Heilig 和 Sensorama

资料来源：https://www.sohu.com/a/134817691_424294。

在此之后，计算机图形学之父 Ivan Sutherland 于 1965 年发表《终极的显示》论文，首次描述将电脑屏幕作为观看虚拟世界窗口的“终极显示”，并于 1968 年创造出第一个头戴式设备——头盔显示器，成为 VR 历史上的里程碑。Sutherland 设想“用电脑控制房间中的一切东西，房间中显示的椅子逼真到你想去坐，显示出来的手铐看上去能拷人，子弹好像能置人于死地”。在Bob Sproull的帮助下，Sutherland设计出一款头部追踪系统的头显，并用一副机械臂支撑笨重的显示器。由于其笨重的设备和VR刺激场景对大脑造成的影响，这款头显被誉为“达摩克利斯之剑”。这既是一台VR设备，也是第一套AR系统。

从现存资料来看，“达摩克利斯之剑”与当今VR设备类似，受制于当时的大环境，这种头戴式设备与Sensorama一样，均需要链接到种类繁多的外部配件。但无论怎样，经过前人的努力，VR终于从科幻小说走向现实体验，并开始出现了实物的雏形（图2–4）。

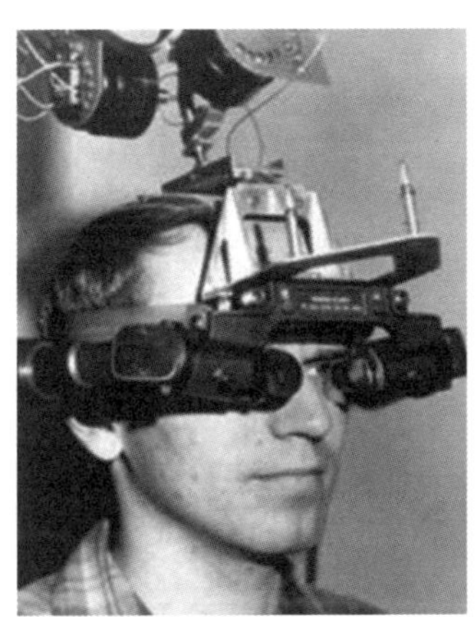
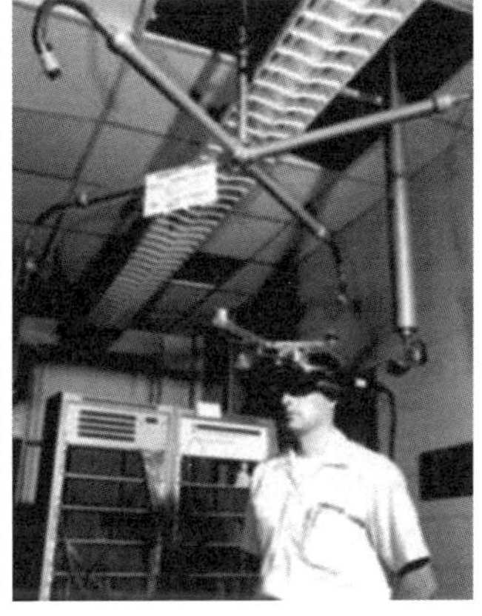

图2–4　Ivan Sutherland的“达摩克利斯之剑”

资料来源：http://nb.zol.com.cn/570/5700244_all.html。

2.3　技术积累阶段：物理空间向虚拟空间扩展延伸

经过十多年虚拟空间对物理空间映射的萌芽发展，1973年，Myron Krurger开始提出“Virtual Reality”的概念，并展示一个名为Video place的“并非存在的一种概念化环境”，这是一种全新的交互体验，实现物理空间向虚拟空间扩展。用户面对投影屏幕，摄像机摄取的用户身影轮廓图像与计算机产生的图形合成后，在屏幕上投射出一个虚拟世界；同时，传感器可以采集用户的动作来表现用户在虚拟世界中的各种行为。这种早期的人机互动方式，为Room-Scale等VR技术的发展产生了深远的影响。

1987年，美国VPL Research公司创建人拉尼尔（Jaron Lanier）提出灵境技术或人工环境，是目前所公认的虚拟现实，因此他也被誉为“虚拟现实之父”载入史册。此后VPL还推出一系列VR产品，包括VR手套Data Glove、VR头显Eye Phone、环绕音响系统AudioSphere、3D引擎Issac、VR操作系统Body Electric等。尽管这些产品价格高昂，但VPL Research公司是第一家将VR设备推向民用市场的公司（图2-5）。

图2-5 “虚拟现实之父”Jaron Lanier和VPL公司推出的VR设备

资料来源：https://blog.csdn.net/snow327646777/article/details/61193247。

在整个20世纪80年代，美国科技圈开始掀起一股VR热，VR甚至出现在了《科学美国人》和《国家寻问者》杂志的封面上。1982年，由史蒂文·利斯伯吉尔执导，杰夫·布里奇斯等人主演的一部剧情片《电子世界争霸战》上映，该电影第一次将VR带给大众，标志着VR由幻想小说向电影延伸，对后世类似题材影响深远。1983年，美国国防部高级研究计划署（DARPA）与陆军共同制订了仿真组网（SIMNET）计划，随后宇航局开始开发用于火星探测的虚拟环境视觉显示器。这款为 NASA 服务的虚拟现实设备叫 VIVED VR，它能在训练的时候帮助宇航员增强太空工作临场感（图 2–6）。1986 年，“虚拟工作台”这个概念也被提出，裸视 3D 立体显示器开始被研发出来。1987 年，游戏公司任天堂推出 Famicom 3D System 眼镜，使用主动式快门技术，透过转接器连接任天堂电视游乐器使用，比其最知名的虚拟现实家用游戏机——Virtual Boy 早了近 10 年。

图 2–6 为 NASA 服务的 VIVED VR 设备

资料来源：http://www.iheima.com/article-156475.html。

2.4 产品迭代阶段：客户多场景化需求衍生

20 世纪 90 年代，VR 热开启了第一波全球性蔓延。1992 年，随着 VR 电影《剪草人》的上映，VR 在当时的大众市场引发了一个小高潮，并直接促进街机游戏 VR 的短暂繁荣。美国著名的科幻小说家 Neal Stephenson 的虚拟现实小说《雪崩》也在这一年出版，掀起了 90 年代的 VR 文化小浪潮。从 1992 年到 2002 年，前后至少有 6 部电影说到虚拟现实或者干脆就是一部虚拟现实电影。1994 年的《披露》、1995 年的《捍卫机密》、2000 年的《X 档案》、2001 年的《睁开你的双眼》、2002 年的《少数派报告》都或多或少带有 VR 的桥段。而最为著名的，莫过于 1999 年上映的《黑客帝国》，被称为最全面呈现 VR 场景的电影，它展示了一个全新的世界，异常震撼的超人表现和逼真的世界一直是虚拟现实行业梦寐以求的场景（图 2–7）。

图 2–7 《神经漫游者》及其所催生的《黑客帝国》

资料来源：http://www.iheima.com/article-156475.html。

除了电影的大热外，1991 年发布的 Virtuality 1000CS 是 20 世纪 90 年代具有影响力的 VR 设备，是消费级 VR 的重大飞跃。它使用头显来播放视频和音频，用户可以通过移动和使用 3D 操纵杆进行虚拟现实交互。同年，VR 原型系统 Virtual Fixtures 虚拟帮助系统和 KARMA 机械师修理帮助系统分别由美国空军路易斯·罗森伯格（Louis Rosenberg）和哥伦比亚大学 S. Feiner 等人提出。1994 年，AR 技术首次在艺术上得到发挥，Julie Martin 设计赛博空间之舞（Dancing in Cyberspace，DIC）表演，舞者作为现实存在，舞者会与投影到舞台上的虚拟内容进行交互，在虚拟的环境和物体之间婆娑，这是 AR 概念非常到位的诠释，也是世界上第一个增强现实戏剧作品。

在这一时期不少科技公司也在大力布局 VR。1992 年，Sense 8 公司开发 WTK 软件开发包，极大地缩短了虚拟现实系统的开发周期。1993 年，波音公司使用虚拟现实技术设计出波音 777 飞机。同年，世嘉公司推出 SEGA VR。1994 年，虚拟现实建模语言的出现为图形数据的网络传输和交互奠定基础。1995 年，任天堂推出当时最知名的游戏外设设备——Virtual Boy，这是一款革命性的产品，但由于太过于前卫而得不到市场的认可。1998 年，索尼也推出一款类虚拟现实设备，听起来很炫酷，但改进的空间还很大。由于技术还不够成熟，产品成本奇高导致这一代 VR 的尝试均以失败告终，但他们为 VR 的积累和扩展打下坚实的基础。与此同时，VR 在全世界得到进一步的推广，尽管得不到市场的认可，却大大丰富了虚拟现实领域的技术理论。

2.5 静默酝酿阶段：知识图谱创建与 AI 应用进阶

在进入 21 世纪的前后 10 年中，手机和智能手机迎来爆发，虚拟现实仿佛被人遗忘。尽管在市场尝试上不太乐观，但人们从未停止在 VR 领域的研究和开拓。1999 年，奈良先端科学技术学院（Nara institute of science and technology）的加藤弘一教授和 Mark Billing Hurst 共同开发了第一个 AR 开源框架（ARToolKit）。ARToolKit 的出现打破了 AR 技术局限于专业研究机构的壁垒，许多普通程序员也可以利用 ARToolKit 开发自己的 AR 应用。直到今天，ARToolKit 依然是最流行的 AR 开源框架，支持几乎所有主流平台，并且已经实现自然特征追踪（nature feature tracking，NFT）等更高级的功能。2005 年，ARToolKit 与软件开发工具包（SDK）相结合，可以为早期的塞班智能手机提供服务，这种技术被看作增强现实技术的一场革命，目前在 Android 及 iOS 设备中，ARToolKit 仍有应用。索尼在这段时间推出 3 千克重的头盔，Sensics 公司也推出了高分辨率，超宽视野的显示设备 piSight、Kooper 和 Macintyre 开发出第一个 AR 浏览器，被称为可扫万物的 AR 浏览器，一个作为互联网入口界面的移动 AR 程序。

VR/AR 技术在充分扩展的同时，科学界与学术界对其越来越重视，VR/

AR 在医疗、飞行、制造和军事领域开始得到深入的应用研究，并相继推出各类产品。2006 年，美国国防部建立一套虚拟世界的《城市决策》培训计划，对相关工作人员进行模拟训练。2008 年，美国南加州大学临床心理学家利用 VR 治疗创伤后应激障碍，通过开发一款“虚拟伊拉克”治疗游戏，帮助从伊拉克回来的军人患者。2009 年，*Esquire* 首次使用 AR 技术对罗伯特唐尼进行采访，推广其主演的电影《大侦探福尔摩斯》，这是平面媒体第一次尝试 AR 技术，期望通过 AR 技术使更多人重新开始购买纸媒。借助于互联网的高速发展，VR 声音一直若隐若现等待着爆发的时刻。

2.6 引爆井喷阶段：“大智移云”技术实现 VR/AR+AI

2016 年，大数据、智能化、移动互联网与云计算结合的“大智移云”催生 IT 新技术飞速发展，可穿戴设备与 VR/AR 结合使得 VR 将走向主流，走向企业市场，预计 2020 年游戏和媒体业将产生 1600 亿美元的收入。2012 年，Oculus Rift 通过国外知名众筹网站 Kick Starter 募资到 160 万美元开发 VR 设备，后来被 Facebook 以 20 亿美元的天价收购，这吸引大批开发者投身 VR 项目的开发中，正式打响这场 VR 之战。2014 年，消费级的 VR 设备出现井喷，各大公司纷纷开始推出自己的产品，谷歌推出了廉价易用的 Cardboard，三星推出了 Gear VR 等，得益于技术的日渐成熟和设备零件价格的降低，短短几年，VR 硬件企业暴涨至 200 多家。2016 年，SONY VR 设备刚在网店上架就被秒空，标志着 VR 已进入元年井喷阶段。

“大智移云”技术催生 VR/AR 井喷式发展，在此期间，各大互联网巨头频推 VR/AR 产品。2012 年 4 月，谷歌宣布开发 Project Glass 增强现实眼镜项目，至 2014 年 4 月 15 日，Google Glass 正式开放网上订购。此外，谷歌放出廉价易用的 Cardboard，三星推出 Gear VR 等，消费级 VR 开始大量涌现。2015 年，任天堂公司和 Pokémon 公司授权，Niantic 负责开发和运营了一款《Pokémon

GO》AR 手游。同年，微软发布 AR 头戴显示器 Hololens，被誉为目前已发布的体验最好的 AR 设备。2017 年，WWDC17 大会上，苹果宣布在 iOS 11 中带来了全新的增强现实组件 ARKit，该应用适用于 iPhone 和 iPad 平台，使得 iPhone 一跃成为全球最大的 AR 平台。

在短短几年中，全球 VR 创业者迅速暴增，各类 VR/AR 产品亮相众筹平台。2012 年 8 月，19 岁的 Palmer Luckey 把 Oculus Rift 摆上众筹平台 Kickstarter 的货架，短短的一个月左右，就获得 9522 名消费者的支持，收获 243 万美元众筹资金，使得公司能够顺利进入开发、生产阶段。2014 年，AR 儿童益智玩具的公司 Osmo 开始在官网众筹，当时预售价格为 49 美元，共计筹款 200 万美元。截至 2016 年年底，Osmo 已经被全球超过 22000 所学校使用，累计融资金额达到 3600 万美元。2014 年，Oculus 被互联网巨头 Facebook 以 20 亿美元收购，该事件强烈刺激了科技圈和资本市场，沉寂多年的 VR 终于迎来爆发，开启了轰轰烈烈的 VR/AR 创业淘金运动。2016 年，Magic Leap 获得一轮 7.935 亿美元的 C 轮融资，本轮融资由阿里巴巴领投，其他新投资者包括华纳兄弟、Fidelity Management & Research Co、摩根大通和摩根士丹利投资管理公司、当前股东 Google 和 Qualcomm Ventures。

可以预期，未来 VR/AR 技术将得到飞速发展。经历从感觉的复制或合成到赛博空间中的浸蕴体验，甚至从感觉传递的交往过程到遥距操作的物理过程。

第三章 ●●••

VR/AR 关键技术

VR 技术是通过构造一个虚拟环境，使用户在虚拟环境中进行体验的一种仿真系统。经过计算机仿真系统形成了一种模拟的仿真环境，也是一种多种信息相互融合的三维动态影像，通过该系统仿真，人们可以深入地进入“真实的世界”。通过 VR 技术构造高仿真的虚拟环境，能够在自身的听觉、力觉、触觉等多方面带来新的体验和感受。同时 VR 技术也推进了用户终端产品深入仿真世界的体验。AR 技术是将现实生活中，人们需要的一些有用信息与虚拟环境中的信息进行无缝接连而成的技术，AR 技术把现实生活中在某种程度上体会不到的一些感受，利用电脑等一些科学技术手段，将虚拟世界的信息带到现实生活中来，给人们带来前所未有的感官享受。

VR 技术与 AR 技术虽然都是通过构建三维场景并借助特定设备，实现用户感知，并进行交互这种功能。但是它们的侧重点又不尽相同，所以在一些关键技术上面两者会存在一定的差异。

3.1 VR 核心技术

VR 技术就是借助计算机及最新传感器技术创造的一种崭新的人机交互新技

术，这项虚拟现实技术综合了计算机图形技术、计算机仿真技术、传感器技术、显示技术等多种科学技术，在多维信息空间上创建一个虚拟信息环境，能使用户具有身临其境的沉浸感，具有与环境完善的交互作用能力，并有助于启发构思。VR 技术让使用者沉浸在一个虚拟的世界中，帮助人们与虚拟的世界通过一定的方式相互影响。

3.1.1　VR 技术流程

VR 的技术实现过程，是以用户角度展开，从发起 VR 服务请求开始，到完成沉浸式互动，并将虚拟环境在用户面前展现成功为结束（图 3-1）。

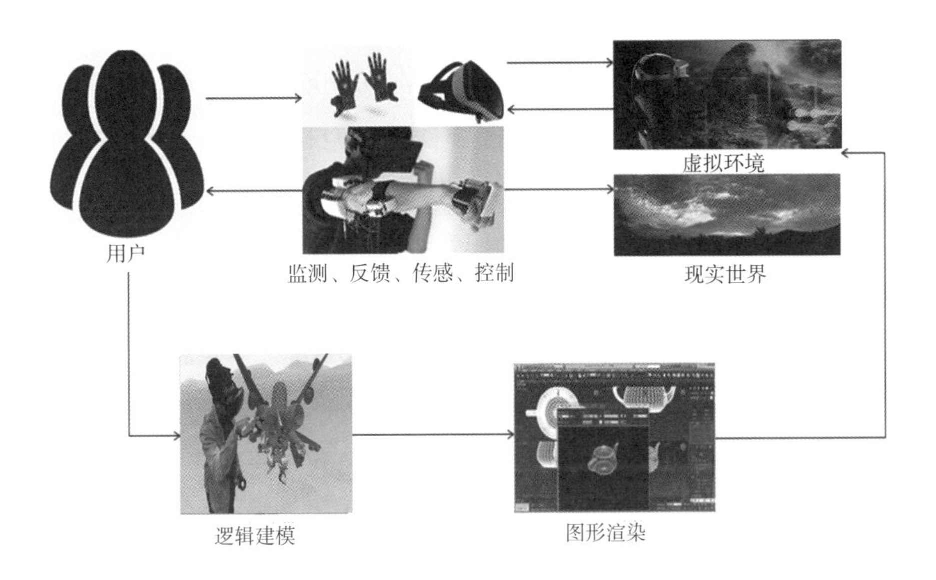

图 3-1　虚拟现实技术实现流程

资料来源：https://image.baidu.com/。

视景扩展：视觉生成技术

虚拟环境生成这部分主要由 VR、PC、游戏主机、手机等计算设备完成。为了达到比较优质的 VR 虚拟环境，渲染的图像是一般游戏的 8 倍以上，因此首先需要通过图形模块间的逻辑关系和对应算法，初步完成建模；接着主要基于 GPU 并行能力完成图形的渲染；最后根据用户视觉范围，对应生成适合用户需求的虚拟世界。

对于建模方法，人们从最简单的几何建模开始，逐渐发展到较为复杂的物理建模，再到后来可以赋予建模对象生命力的行为建模，再到最后着眼于细节的纹理映射技术。这些建模技术将模型无限地进行逼真化处理，让虚拟场景更加真实。

几何建模是开发虚拟现实系统过程中最基本、最重要的工作之一。虚拟环境中的几何模型是物体几何信息的表示，设计表示几何信息的结构、相关的构造与数据结构的算法。从他们的研究工作看，现有的几何建模技术主要分为以下 3 类。①轮廓线建模（model S from silhouettes，MSFS）。这种轮廓线建模技术当前最高水平的代表是 DimenSion GmbH 公司所开发的 Sphinx 系统，该系统作为计算机视觉的最佳应用于 1996 年欧洲计算机视觉网络大赛（European computer vision network，ECVNet）中获奖。其性能很好，一般情况下只需要 2 ~ 3 分钟的 Sparcl 10/41 CPU 时间处理 36 幅 720 × 576 像素的图像，便可产生一个 160 × 160 × 160 三维像素的几何模型。②活动距离传感器建模（model S from active range sensors，MSFARS）。这种技术是将窄带激光灯与摄像机配合使用，通过提取覆盖整个物体表面的足够多的测点处的深度信息，来最终完成物体表面模型的建造。③被动的非校准视频图像序列建模（model S from passive uncalibrated video sequences，MSFPUVS）。这种技术即计算机视觉中所说的从运动恢复结构（structure from motion，SFM），主要有基于特征和基于光流两种算法。

几何建模仅仅可以使得虚拟物体的外形与真实物体相近，但是在虚拟现实系统中，包括用户图像在内的虚拟物体必须像真的一样。至少固体物质不能彼此穿过，物体在被推、拉、抓取时应按照预期的方式运动。所以，几何建模的下一步发展是物理建模，也就是在建模时考虑对象的物理属性。物理建模的实质就是将现实生活中的复杂问题进行简单化、抽象化、虚拟化处理，通过运用物理学知识及计算机技术将其融入虚拟现实环境的具体图形中去，给建模对象赋予物理学的意义。虚拟现实系统的物理建模是基于物理方法的建模，往往采用微分方程来描述，使它构成动力学系统。这种动力学系统由系统分析和系统仿真来研究。系统仿真实际上就是动力学系统的物理仿真。典型的物理建模方法有分型技术和粒子系统等。

几何建模与物理建模相结合，可以部分实现虚拟现实“看起来真实、动起来真实”的特征，而要构造一个能够逼真地模拟现实世界的虚拟环境，必须采用行为建模方法。

在虚拟现实应用系统中，很多情况下要求仿真自主智能体，应具有一定的智能性，所以又称为“Agent 建模”，它负责物体的运动和行为的描述。如果几何建模是虚拟现实建模的基础，行为建模则真正体现出虚拟现实的特征：一个虚拟现实系统中的物体若没有任何行为和反应，则这个虚拟世界是静止的，没有生命力的，对于虚拟现实用户是没有任何意义的。

行为建模技术主要研究的是物体运动的处理和对其行为的描述，体现了虚拟环境中建模的特征。行为建模就是在创建模型的同时，不仅赋予模型外形、质感等表现特征，同时，也赋予模型物理属性和与生俱来的行为和反应能力，并且服从一定的客观规律。虚拟环境中的行为动画与传统的计算机还是有很大的不同，这主要表现在两个方面：一是在计算机动画中，动画制作人员可以任何方式进行自由交互；二是在计算机动画中，动画制作人员可完全计划动画中的物体的运动过程，而在虚拟环境中，设计人员只能规定在某些特定条件下物体如何运动。

如果说几何建模技术主要归功于计算及图形方面取得的进展，那么，物理建模和行为建模则可以说是多学科协同研究的产物。例如，山体滑坡现象是一种复杂的自然现象，它受到滑坡体构造、气候、地下水位、滑坡体饱水程度、地震烈度及人类活动等诸多因素的影响和制约，山坡的稳定性还受到水位涨落的影响。要在虚拟现实和计算机仿真中建立山体滑坡现象的模型，并客观地反映出其对各种初始条件的响应，必须综合岩石力学、工程地质、数学、计算机图形学、专家系统等多个学科的研究成果，才能建立起相应的行为模型。

人们在建模的过程中发现，想要把客观世界的各种细微结构直接用几何模型表示出来，不仅模型难以建立，而且计算量庞大，难以满足实时显示的要求。例如，一个曲面可以用许多微小多边形（或曲面片）表示其表面细节，它们具有自身的表面特性。想要显示这个曲面，必须对这些微小多边形分别进行处理，这将要求大量的存储空间和计算时间。因此，为了获得比较高的显示速度，往往以牺牲图形的真实感为代价，尽管这样，显示一幅较复杂的图形往往需要好几个小时，并且能够满足实时要求的几何模型一直没有找到。于是，人们就想象是否可以用“贴”墙纸的方法将反射物体表面细节的图案贴到物体表面上，从而开辟了一个新的研究领域——纹理映射（texture mapping）。纹理映射技术最早由 Catmull 在 1974 年率先提出的，与建造模型的方法相比，在模拟物体表面细节方面，纹理映射是一个较有效的方法。

纹理通常分为两种类型：一种是在光滑表面上描绘附加定义的花纹或者图案，当花纹或图案绘上后，表面依旧光滑如故，这种纹理称为颜色纹理，形如在物体表面上用色彩绘制了一定的图案；另一种是根据粗糙表面的光反射原理，通过一个扰动函数扰动物体表面参数，使表面呈现出凹凸不平的形状，称为粗糙纹理（或几何纹理）。

纹理映射是真实感图像制作的一个重要部分，运用它可以方便地制作出极具真实感的图形而不必花过多时间来考虑物体的表面细节。然而纹理加载的过程可能会影响程序运行速度，当纹理图像非常大时，这种情况尤为明显。如何妥善的管理纹理，减少不必要的开销，是系统优化时必须考虑的一个问题。

从 2D 到 3D：立体显示技术

该部分技术主要由显示头盔完成，借助头盔屏幕或手机屏幕实现将渲染出来的虚拟环境显示出来，依靠内置光学镜头和相应光学算法，实现二维图像的三维化和广角立体化。该部分实现的用户视觉广度、刷新率及显示延迟等，都直接影响到用户的感知，避免用户眩晕是关键所在。

由于人两眼有 4 ~ 6 厘米的距离，所以实际上看物体时两只眼睛中的图像是有差别的，两幅不同的图像输送到大脑后，看到的是有景深的图像。这就是计算机和投影系统的立体成像原理。主要的立体显示设备有头盔显示器、双目全方位显示器、立体投影显示、3D 立体眼镜。

头盔显示器（helmet mounted display，HMD）是虚拟现实系统中普遍采用的一种立体显示设备。它通常由两个液晶显示器（liquid crystal display，LCD）或阴极射线显像管（cathode ray tube，CRT）显示器分别向两个眼睛提供图像，这两个图像由计算机分别驱动，两个图像存在着微小的差别。类似于“双眼视差”，通过大脑将两个图像融合以获得深度感知，得到一个立体的图像。头盔式显示器可以将参与者与外界完全隔离或部分隔离。因而头盔显示器已成为沉浸式虚拟现实系统与增强式虚拟现实系统不可缺少的视觉输出设备，图 3–2 为索尼在 2016 年上半年正式推出的 Morpheus 头盔。

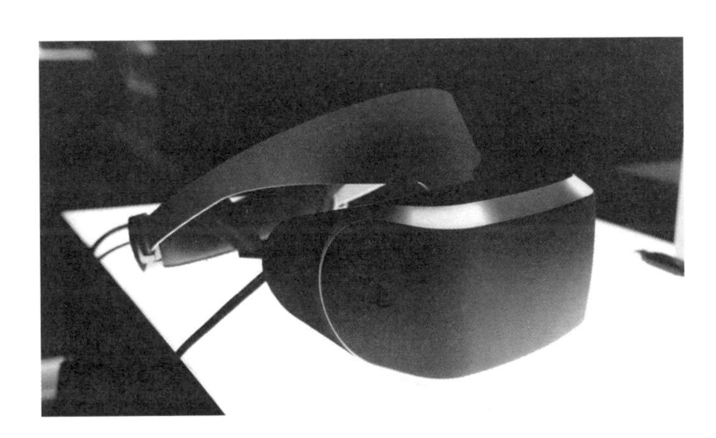

图 3–2　索尼的 Morpheus 头盔

资料来源：https://www.ifanr.com/542780。

双目全方位显示器（binocular omni-orientation monitor，BOOM）是一种偶联头部的立体显示设备，是一种特殊的头部显示设备。使用 BOOM 类似于使用一个望远镜，它把两个独立的 CRT 显示器捆绑在一起，由两个相互垂直的机械臂支撑，这不仅让用户可以在半径2米的球面空间内用手自由操纵显示器的位置，还能将显示器的重量加以巧妙的平衡而使之始终保持水平，不受平台运动的影响。在支撑臂上的每个节点处都有位置跟踪器，因此BOOM和HMD一样有实时的观测和交互能力。

洞穴状自动虚拟系统（cave automatic virtual environment，CAVE）是一种基于多通道视景同步技术和立体显示技术的房间式投影可视协同环境，该系统可提供一个房间大小的最小三面或最大七十面立方体投影显示空间，供多人参与。所有参与者均完全沉浸在一个被立体投影画面包围的高级虚拟仿真环境中，借助相应虚拟现实交互设备（如数据手套、位置跟踪器等），从而获得一种身临其境的高分辨率三维立体视听影像和6自由度交互感受。由于投影面几乎能够覆盖用户的所有视野，所以VR-PLATFORM CAVE系统能提供给使用者一种前所未有的带有震撼性的身临其境的沉浸感受（图3–3）。

图3–3 黎明视景研发CAVE沉浸式虚拟现实协同环境

资料来源：http://www.pcvr.com.cn/html/solutions/immersion.html。

3D眼镜的左右两片镜片是各由一片LCD构成的，由LCD来控制两眼可以看到的画面，在电脑屏幕上交错出现左眼与右眼应该看到的画面，当左眼的画面出现时，左眼的液晶处于可透光的状态，而右眼的液晶则是遮住的，于是只有左眼可以看到画面。而到右眼的画面出现时，眼镜就变成只有右眼可以看到画面的状态，由于两眼看到的画面不同，自然就可以产生出立体的效果来。NVIDIA 作为电脑行业图形芯片巨头，早在 2009 年年初就推出了完善的“3DVision”快门式 3D 眼镜解决方案，是 PC 3D 显示技术的先行者。

从模型到图像：三维渲染技术

三维动画渲染技术是虚拟现实技术的核心之一。渲染是用软件从模型生成图像的过程。模型是用严格定义的语言或者数据结构对于三维物体的描述，它包括几何、视点、纹理及照明信息。图像是数字图像或者位图图像。渲染是三维计算机图形学中的最重要的研究课题之一，并且在实践领域与其他技术密切相关。在图形流水线中渲染是最后一项重要步骤，通过它得到模型与动画最终显示效果。自从 20 世纪 70 年代以来，随着计算机图形的不断复杂化，渲染也越来越成为一项重要的技术。

渲染技术可分为预渲染和实时渲染。预渲染一般是固定光源和物体的材质参数，通过其他的辅助工具，把光源对物体的光照参数输出成纹理贴图，在显示的时候不对物体进行光照处理，只进行贴图计算。预渲染可以借助复杂的高效果的工具，对场景进行精细的长期的渲染，然后在浏览的时候直接利用这些以前渲染的数据来绘制，从而可以在保证渲染的速度的同时获得很好的渲染质。但是缺点是，不能很好地处理动态的光源和变化的材质，在交互性比较强的环境当中无法使用。预渲染的计算强度很大，通常是用于电影制作。实时渲染经常用于三维视频游戏，通常依靠带有三维硬件加速器的图形卡完成这个过程。实时渲染就是每一帧都不假设任何条件，都是针对当时实际的光源，相机和材质参数进行光照计算，常见的有 D3D、OpenGL 的光照计算。因为实时渲染的每一帧都是根据条件即时计算出来的，可以对用户的输入做出相应的反应，提供丰富的用户交互。

该技术最初主要用于制作动画。当时三维动画的制作主要是在一些大型的工作站上完成的。在 DOS 操作系统下的 PC 机上，3D Studio 软件处于绝对的垄断地位。1994 年，微软推出 Windows 操作系统，并将工作站上的 Softimage 移植到 PC 机上。1995 年，Win95 出现，3DS 出现了超强升级版本 3DS MAX1.0。1998 年，Maya 的出现可以说是 3D 发展史上的又一个里程碑。一个个超强工具的出现，也推动着三维动画应用领域不断拓宽与发展。

3.1.2 VR 技术框架

VR 技术实现是以现有的机器计算、图像渲染能力为基础的，当前 VR 产业爆发也是基于消费级芯片，尤其是 GPU 处理能力的成倍提升；借助 OLED、LCD 等屏幕技术发展，并辅助光学立体成像技术和算法，实现三维立体化输出；依靠激光定位技术、人体追踪等技术，实现从虚拟世界到现实世界的转换（图 3–4）。

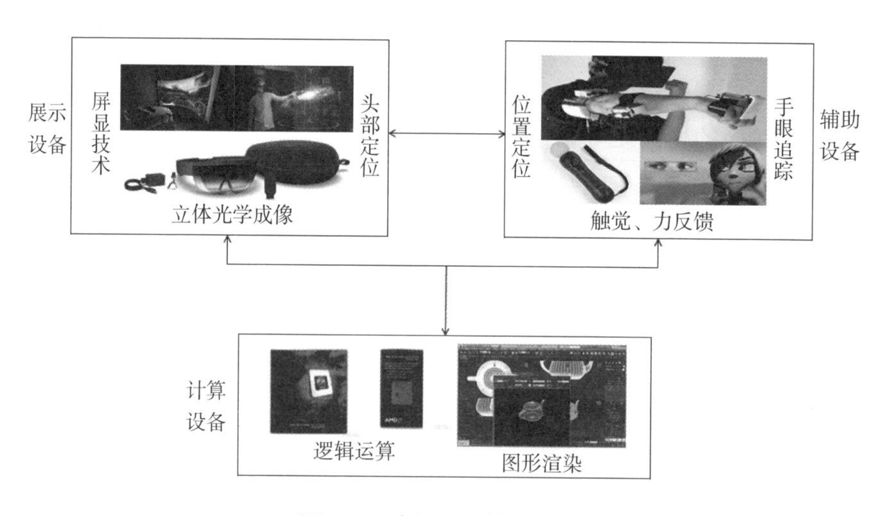

图 3–4 虚拟现实技术框架

虚拟对话情景：人机交互技术

人机交互技术实现了人与机器之间的多元互动，构建了现实世界与虚拟世界之间的人机交互机制，包括各种智能化的传感器、定位机制和普通的操控手柄等。传感器中陀螺仪是较为核心的部件，内置头盔中实时监测用户头部运动和姿态变化，以便实现虚拟画面与用户视角的一致性；用于手势识别、动作捕捉及表情识别的各种传感器及操控手柄等，用于采集用户操控，并与虚拟环境完成交互。人机交互主要包括手势识别交互、眼动识别交互及表情识别交互这几个方面。

手势识别是将模型参数空间里的轨迹（或点）分类到该空间里某个子集的过程，其包括静态手势识别和动态手势识别，动态手势识别最终可转化为静态手势识别。即通过识别用户十指的动作路径、手势动作、识别十指目标、运动轨迹，并将识别信息实时转化为指令信息，将交互体验空间扩展到三维空间。从手势识别的技术实现来看，常见手势识别方法主要有模板匹配法神经网络法和隐马尔可夫模型法。

最初手势识别交互主要是利用机器设备，直接检测手、胳膊各关节角度和空间位置。现在这种技术被应用在了很多地方。在视频直播时，对着摄像头摆出特定的手势即可出现相应特效，带来不同于以往的丰富交互体验。智能驾驶时，车内应用手势交互一定程度上可以解放双眼，你不需要去看准按钮在哪里再用手指去戳，只需要凭空在手势识别区挥挥手、做特定手势，即可传递一系列指令，如换歌曲、调音量、挂电话等（图 3–5）。

图 3–5 智能驾驶手势识别播放音乐

资料来源：https://www.sohu.com/a/201363616_323429。

眼动追踪技术指的是一种基于视线眼动信息，通过反馈来促进视觉操作绩效的交互技术。这种技术在人机交互过程中，由眼动系统收集用户的自然眼动信息，对眼动信息进行分析，利用用户的眼动频率信息来显示必要的附加信息及关联的信息或者保持全局信息呈现的前提下，利用用户的眼动注视时间信息来局部显示放大用户的感兴趣区域从而帮助用户更为有效地完成视觉搜索作业。

已经有产品将眼动追踪技术与 VR 进行了结合，并发展势头良好。日本的 VR 头显 Fove 是一个由众筹网站 Kickstarter 资助的项目，它是第一个内置眼动追踪的 VR 头显。Google 和 Oculus 随后也将眼动追踪融入他们的下一个 VR 产品系列。眼动追踪公司 SMI 正在与 VR 制造商合作，希望将这项技术带到独立的 VR HMD 和智能手机插槽中。

虚拟现实情感识别技术也叫情感计算技术，是指通过利用传感器去捕捉体验者的面部表情、心跳等生理信号，并针对体验者所表现出来的不同情感，进行实时反馈。情感计算最早起源于美国 MIT 媒体实验室皮卡德（Richard Cytowic）的 *The Man Who Tasted Shapes*。她指出“情感计算就是针对人类的外在表现，能够进行测量和分析并能对情感施加影响的计算”，开辟了计算机科学的新领域，其思想是使计算机拥有情感，能够像人一样识别和表达情感，从而使人机交互更自然。

人脸表情识别是指从给定的静态图像或动态视频序列中分离出特定的表情状态，从而确定被识别对象的心理情绪，实现计算机对人脸表情的理解与识别，从根本上改变人与计算机的关系，从而达到更好的人机交互。该技术是根据面部肌肉的类型和运动特征定义了基本形变单元 AU（action unit，AU），人脸面部的各种表情最终能分解对应到各个 AU 上来，分析表情特征信息，就是分析面部 AU 的变化情况，对人脸的表情信息进行特征提取并归类，使计算机能获知人的表情信息，进而推断人的心理状态，从而实现人机之间的高级智能交互。

人脸表情识别被广泛地应用在安全领域、智能机器人研制、电脑游戏、医疗领域等。在细分上，还可以通过生气、厌恶、害怕、伤心、高兴、吃惊，将人脸划分为若干个运动单元来描述面部动作，这些运动单元显示了人脸运动与表情的对应关系。加拿大软件公司 Nural Logix 已经开发了一种用以检测人隐藏情感的专利技术，叫作透皮光学成像（transdermal optical imaging，TOI）。这项技术使用特殊照相机来测量面部血液流动信息，用来识别人眼不易发觉的面部表情所隐藏的情感。MIT 媒体实验室也正在展开一系列情感计算的研究项目。例如，记录人的脑电波来分析音乐给人带来的不同情感，还有可穿戴的装置来识别自闭症谱系障碍。

3D 虚拟音效：声音生成技术

在三维虚拟现实系统中，声音是图像的必要补充。如果在观看三维场景的同时可以适时地播放恰当的声音就能够使观察者在感受视觉冲击的同时也沉浸在逼真的声音创造出来的氛围里，无疑进一步增加了身临其境之感，相应地也可以使三维虚拟现实系统焕发出光彩。

三维虚拟声音的实现主要依靠语音识别技术和语音合成技术。语音识别技术（automatic speech recognition，ASR）是指将人说话的语音信号转换为可被计算机程序所识别的信息，从而识别说话人的语音指令及文字内容的技术。语音识别一般包括参数提取、参考模式建立、模式识别等过程。当用户通过一个话筒将声音输入系统中，系统把它转换成数据文件后，语音识别软件便开始将用户输入的声音样本与事先储存好的声音样本进行对比工作，声音对比工作完成后，系统会输入一个它认为最像的声音样本序号，由此可以知道用户刚才念的声音是什么意义，进而执行此命令。语音合成技术（text to speech，TTS）是指用人工的方法生成语音的技术，当计算机合成语音时，如何能做到听话人能理解其意图并感知其情感，一般对语言的要求是可靠、清晰、自然，具有表现力。语音合成技术是一门综合性的前沿新技术，该技术相当于给机器装上了人工嘴巴。它涉及声学、语言学、数字信号处理、计算机科学等多个学科技术。

三维音效软件方面，老牌音频 API 有微软的 Direct Sound 3D（DS3D）。DS3D 是在 DireetX 多媒体编程库中实现三维音效相关的 API。后来，傲锐公司自行研发的交互式 3D 音频 API——Alternativa 3D（A3D）。相较于 DS3D，A3D 还支持杜比数码音频解码、回声几何运算及大型音源效果处理等。由 CreativeLabs 和 Loki Software 开发设计的 The Open Audio Library（OpenAL）是一款跨平台的三维音效 API，它允许程序员在三维虚拟环境中对声源进行定位，产生合理的衰减和平移，使环境显得更有立体感。

三维音效的应用能够帮助人们很好地对声音进行定位，依靠声音辨识方向、判断周围的环境等。在实际应用方面，Martin Rothbucher 等人则采用 HRTF synthesis 和 SIP 协议开发出一套向后兼容的 3D 音频会议服务软件。美国 NASA 使用虚拟 3D 声定位并结合自适应双耳噪声消除科技来增强飞行模拟的效果，三维空间声可为飞行员提供导航、状况提示及目标位置和运动方向。在影视业中，Cepfic Andre 等人发现，至少在理论上，一个完全个性化的音景是有必要的，由于各种技术方面的原因，在影院环境中，只有通过耳机的双耳再现才能够准确地产生一个与 3D 立体电影保持一致的三维音景。在 2013 年 2 月 25 日，三维音效技术在数字影院的应用取得突破，电影《克鲁德一家》即采用巴可公司具有革命性的三维音效技术——Auro11.1。

沉浸式体验：多感官生成技术

虚拟现实技术除了在视觉和听觉上力求达到逼真的效果外，在触觉反馈、力反馈、湿度和温度反馈方面也一直没有停下前进的脚步。

触觉源于希腊语“Haptesthai”，意思是解除物体的感觉，触觉指的是人通过皮肤对热、压力、振动、滑动及物体纹理表面、粗糙度等特性的感知。触觉反馈是指在人机交互过程中，计算机对操作者的输入做出响应，并通过触觉反馈设备作用于操作者的过程。触觉反馈的虚拟现实系统由操作者、触觉反馈设备和虚拟环境组成。触觉反馈设备的主要功能是利用传感器测量操作者的运动和位置，将数据实时、准确地输入计算机，并且将虚拟环境中生成的力感和触感反馈给操作者，让操作者有身临其境的沉浸感。

触觉反馈设备研发商 Go Touch VR 在硅谷虚拟现实大会上首次展示了这款名为 VRTouch 的触觉反馈设备。该产品由一条尼龙松紧带固定在用户的指尖上，当用户在做出抓握和揉捏等动作时，其中的塑料薄片就会产生反馈力从而使用户感受到比现有触觉反馈手套等设备更加自然和精确的力反馈效果（图 3–6）。

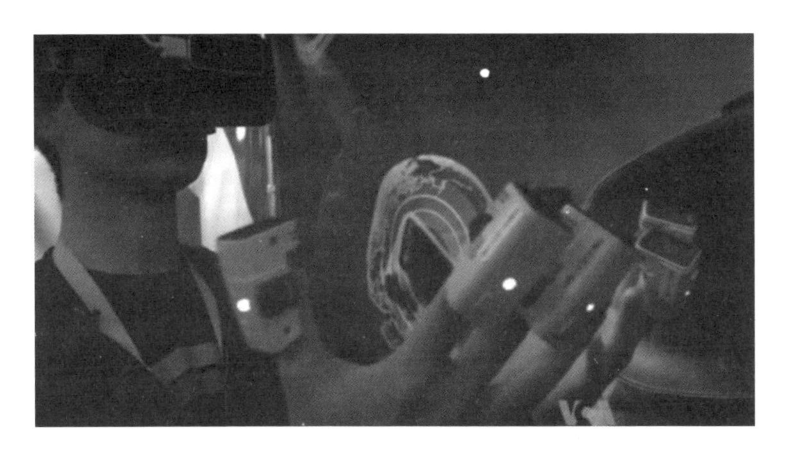

图 3–6　Go Touch VR 的 VRTouch 触觉反馈设备

资料来源：http://dy.163.com/v2/article/detail/DFPPM5PM0511VHA0.html。

长久以来，力反馈技术一直是众多学者研究的一个关注热点。基于力反馈技术的虚拟装配的研究是虚拟仿真在机械领域中的一个重要分支。力反馈技术在融合了视、听、触觉等多感知系统的虚拟场景内，操作人员沉浸其中，体验并学习处理生活中的实际情况。力反馈技术用于再现人对环境力觉的感知。在人的五大感官中力觉或触觉是人体感官中唯一具有双向传递信息能力的信息载体。力反馈实现的原理就是通过感知人的行为模拟出相应的力、震动或被动的运动，反馈给使用者，这种机械上的刺激可以帮助我们从力觉触觉上感受到虚拟环境中的物体，可以更加真实地体验到力反馈设备反馈给操作者的力及力矩的信息，使操作者能感受到作用力。借助于力觉交互设备，人们可以真实地按照人类的肢体语言进行人机自然互动和信息交流，通过应用力反馈设备，可以获得和触摸实际物体时相同的运动感，从而产生更真实的沉浸感。

在力反馈器研究方面，南加州大学工程学院研发出一款机械手指，该机械手指相比人类手指具有更为灵敏的触感。该机械手指采用 BioTac 传感器，它对物体的认识辨别率达到 95%。在美国，力反馈机器人在家禽业也开始大显身手。美国的科学家，乔治亚州研究所的工作人员研制出一款最新的可以对鸡肉进行精细切割的机器人。该机器人具有先进的 3D 意识，运用先进的图像处理技术，机械切割手臂能够自动地完成切割鸡肉的工作。而且该机器人的 3D 分析“智能切割和剔骨系统”能够对每一只鸡，针对其独特的身体结构进行精准分割，实现最优化处理，在很大程度上降低了碎骨残留在成品肉中的概率。微软研究院研发了 Haptic Links。这种基于机电驱动的物理连接器可以在两个运动控制器之间提供不同的刚度。在连接时，触觉连接可以动态地改变用户双手所能感知的力度，从而支持各种双手对象和交互的触觉渲染（图 3–7）。

可识别西红柿的机器手

切割鸡肉的机器刀

物理连接器 Haptic Link

图 3–7　力反馈技术的应用示例

资料来源：https://www.mumuxili.com/Product/161293595；https://tech.qq.com/a/20120602/000054.htm；https://baijiahao.baidu.com/s?id=1593433235655250138&wfr=spider&for=pc。

大多数的体感装置都是通过震动来模拟触觉反馈和力反馈，而 Teslasuit 则采用了另一种方式，其使用了电刺激的方式，来模拟痛觉和压力。Teslasuit 整套服装由智能弹力布料制成的外套和裤子组成，从 XS 到 XXL 的 6 个号码可供选择，也接受用户量体裁衣。它的功能包括触觉反馈、恒温控制（加热／降温）、动作捕捉和虚拟形象及生物识别功能，该套装支持蓝牙或 Wi-Fi 无线传输，不需要连接线。穿上这款体感套装后，当穿戴者举起手臂时，手会因为受到电刺激肌肉收缩，而不自觉地往脸的方向弹。该套装能够为用户提供轻如羽毛的触碰，也能提供重重一击的疼痛感受。

HaptX 平台是 AxonVR 的公司提出的一种全新的触觉系统，可以让大家在 VR 中感受到触觉和温度。它包括一套触觉和力觉反馈外骨骼。这套触觉系统使用非常微小的制动器，对皮肤施加不同的压力，并且还能改变温度，模拟出各种不同的触觉效果。通过与虚拟现实头戴设备的搭配，实现目标的高精度模拟仿真。

在 Untold Games 公司为 Oculus Rift 独家打造的冒险游戏《读取人类（Loading Human）》中，玩家就可以感受到真实的触觉和痛觉。故事情节为一名患有阿尔茨海默病的无名作家，试图借助妻子发明的“人类心灵传输机”，走进妻子的记忆，治好自己的病。玩家在游戏中扮演的就是这名阿尔茨海默病患者。游戏过程中，玩家借助 Oculus Rift 营造出的逼真 3D 世界，手握体感手柄 Sixense STEM 或雷蛇九头灵蛇（Razer Hydra）进行操控互动。就像在现实生活中一样，玩家可以触摸物体，并模拟手部动作拿起物体，感知物体表面的粗糙度或者物体的重量、形状等（图 3–8）。痛感，也是目前虚拟现实游戏中惯用的一种手法。例如，智能游戏背心 KOR-FX，使用了先进的 4DFX 技术，可以准确地定位游戏中碰撞的方位和力度，当玩家在玩射击游戏时，可以体验被子弹击中的疼痛感或者是被对手碰撞受伤后的疼痛感。

图 3-8　VR 触摸物体，感知表面糙度或者物体的重量、形状等

资料来源：https://image.baidu.com/search/detail?ct=503316480&z=0&ipn。

3.2　AR 关键技术

自从计算机发明以来，人类生活的世界就可以被划分为两个部分：现实的物理世界和虚拟的数字世界，虚拟的数字世界大大拓展了人们的认识边界，但是边界两端世界是割裂的：打开计算机，登录互联网，你进入虚拟世界，如果两者合二为一呢？将虚拟数字内容叠加在现实世界中，把现实世界进行增强，这就是 AR。著名史学家钱穆先生有句话：过去未来，未来已来。如果想深入了解 AR，那么首先了解一下它的关键技术。

增强现实技术是在计算机图形学、计算机图像处理、机器学习的基础上发展起来的。它将原本在真实世界中的实体信息，通过一些计算机技术叠加到真实世界中来被人类感官所感知，从而达到超越现实的感官体验。为了使用户能够真实地与虚拟物体交互，增强现实系统必须要提供高帧率、高分辨率的虚拟场景，跟踪定位设备和交互感应设备。因此，跟踪注册技术和系统显示技术是增强现实技术的基础，同时，特征提取与匹配技术在增强现实中也有着十分重要的作用。

3.2.1 叠加虚实信息与场景：跟踪注册技术

基于硬件传感器的跟踪注册技术

基于硬件传感器的跟踪注册技术通过传感器的信号发送器和感知器来获取到相关位置数据，进而计算出摄像机或智能设备相对于真实世界的姿态。基于硬件的三维注册技术有很多种，下面主要介绍其中的3种，即GPS全球定位系统、惯性导航系统和磁感应传感器跟踪注册技术。

GPS全球定位系统被用在大规模的户外增强显示系统中来确定用户的地理位置，将获得的定位数据通过移动通信模块（gsm/gprs网络）上传至网络上的某台服务器从而可以在智能设备上查询位置。由于GPS的定位精度一般为1～15米，精度不高，所以在实际中，我们只将它的定位数据作为一个粗略的初始位置，再使用其他跟踪注册算法来实现更加精确的三维跟踪。陀螺仪用于测定用户智能设备转动的角度及运动的三维角速度。像陀螺仪这类的惯性跟踪器一般只能简单测量智能设备的运动模式，所以经常和加速传感器配合使用。加速传感器通过惯性原理来测定使用者的运动加速度，它和惯性跟踪器一同使用构成惯性导航定位系统，并通过这个惯性导航定位系统来测定智能设备的方位和速度，这种方法定位精度高，同时抗干扰能力强。户外增强显示系统一般使用GPS定位负责粗略的定位地理位置，惯性导航系统负责估计智能设备的姿态，但是它也有一定的缺点，在使用一段时间后各种传感器之间的数据交互会产生累积误差。磁感应传感器是增强现实领域运用较为广泛的一种位置姿态测量装置。它能够通过线圈电流的大小来计算交互设备与人造磁场中心点的距离及方向。此外，它还可以通过地球的磁场来判断设备的运动方位。但是有一个明显的缺点，即容易受到其他磁场的影响，并且跟踪的范围有一定的局限性。所以如果磁场强度较弱，它跟踪的精确度就会大大降低。

纽约州罗契斯特的Vuzix公司是增强现实行业最老牌的公司之一，创建于1997年，多年来已开发了多款专门的增强现实显示装置。2013年Vuzix在其多年积累的研发能力和技术上推出了M100智能眼镜，一款安卓系统的穿戴式电脑和单眼式显示装置。该装置可以通过应用软件用这款产品拍照、录制和播放视频，以及跟踪使用者的位置和穿戴者头部的方向。正如其制造商所强调，这款显示装置的主要优点是具有可以利用数以千计的现有应用软件的功能，另外还具有可以利用开发商的资源创造定制化功能。

基于计算机视觉跟踪注册技术

根据是否采用人工标记物将基于计算机视觉的跟踪技术分为带标记跟踪和不带标记跟踪，我们主要对带标记跟踪进行分析，带标记跟踪技术又可以根据标记物的特点分为强标记跟踪和弱标记跟踪两类。

基于强标记的跟踪注册技术需要在真实场景中事先放置一个标识物作为识别标记。使用标识物的目的是能够快速地在复杂的真实场景中检测出标识物的存在，然后在标识物所在的空间上注册虚拟场景。

弱标识物都是具有自然特征的图片。由于标记物的模板被部分重叠依旧可以工作，所以它对模版没有严格的限制，可以采用任意的形状和纹理。虽然弱标记跟踪技术标识物模版的选取较为方便，但其模版图片却十分复杂。因为自然特征的标识物特征点的检测、提取和筛选较为复杂，需要很大的运算量，而现有的智能设备还不足以支撑起如此大的运算量，因此弱标记的应用必须存在于电脑端。弱标记跟踪的基本流程是将视频中拍摄到的自然图片和预先存储的标准自然图片做特征点匹配，通过这些特征点集的匹配关系求出一个两张图片之间的几何变换矩阵，再通过这个矩阵得到自然图片在真实场景中位置关系并显示三维模型。

此外，基于视觉的增强现实应用有两个方面：视频捕捉（video capture，VC）和 AR 可视化（AR visualization，ARV）。视频捕捉阶段包含从设备的摄像头接收视频帧，做一定的色彩转换，并把初步处理的视频帧发送到处理管线（processing pipeline，PP）。由于对于手机及任何可穿戴设备来说，处理视频帧的运算量还是相对非常大的，同时也是增强现实系统中最大的一部分运算量。所以对于手机来说，要获取尽可能大的性能，要从内存中直接读取视频帧，并且视频帧的图像处理压力不能太大。增强现实应用是实时性的，所以尽可能快地处理视频帧能增大帧率，屏幕视频显示越快，越不会给用户以停滞感。

基于深度摄像机的跟踪注册技术

深度摄像头采用同步定位与映射技术（simultaneous localization and mapping，SLAM），先将周围的环境扫描之后生成点云，再将点云生成三角面片，最后进行SLAM。同步定位与建图系统，即通过传感器获取环境的有限信息，如视觉信息、深度信息（kinect），以及自身的加速度、角速度等来确定自己的相对或者绝对位置，并且完成对于地图的构建。这个技术被用于机器人、无人汽车、无人飞行器的定位与寻路系统。

如微软出品的 Hololens 智能眼镜就加入了 4 个深度摄像头。Hololens 硬件平台采用 Intel X86 32 位处理器，配合这颗处理器还有一颗专门用于全息影像和环境感知的全系处理单元（HPU），它搭载 2 GB 的随机存取存储器（RAM）和 64 GB 的只读存储器（ROM），并且支持蓝牙和 Wi-Fi。在眼镜的左前方和右前方，总共有 4 颗环境感知摄像头，在眼镜前方正中间，有一颗普通 RGB 摄像头和一颗深度摄像头，这些摄像头主要利用红外技术来进行手势识别和环境场景的实时建模。它可以通过识别周围环境和用户的动作，通过 See-Through 的全系波导显示方案，给用户带来全息的视觉体验。

3.2.2 立体的沉浸视界：显示技术

视觉是人类与外界环境之间最为重要且直接的信息传递通道，因此，显示技术是增强现实技术中的关键技术之一。显示技术的作用是将计算机生成的虚拟信息与用户所处真实环境融合在一起。增强显示系统中的显示技术有头盔显示器、手持式显示器、投影显示等。

头戴式显示器

头戴式显示器是一种可以让用户感受到沉浸感的显示设备，包括基于摄像机原理的视频透视式头戴显示器和基于光学原理的光学透视式头戴显示器。

视频透视式头盔显示器通过头盔上一个或数个相机来获取实时影像。该影像通过图像处理模块和虚拟渲染模块产生的三维物体相互融合，最终在头戴显示器上显示出来。微软推出的 Hololens 增强现实眼镜和 Meta 公司推出的 Meta 2 增强现实眼镜都是视频透视式头盔显示器。Hololens 和 Meta 2 都具有强沉浸感、智能的人机交互方式的特点，但不同的是，Hololens 可以让用户只需要带上眼镜而不需要连接任何设备就可运行增强现实应用；Meta 2 需要用户戴上增强现实眼镜后，连接电脑作为辅助计算，才能使用增强现实应用进行交互（图 3–9）。

图 3–9　Meta 2 增强现实眼镜

资料来源：https://www.leiphone.com/news/201603/F72JbAVI97O68v1m.html。

光学透视式头戴显示器是利用光的反射原理，在用户的眼前放置一块半透明的光学组合器，使用户能够看到虚拟三维物体与真实场景相互融合的画面。这个过程没有经过任何的图像处理，就是用户双眼看到的真实场景。美国罗克韦尔柯林斯公司为 F–35 战斗机驾驶员开发了一款 AR 头盔，该 AR 头盔借助安装在飞机上不同位置的多个摄像机组，来实时拍摄飞机所处环境周围各个方向上的景物信息，利用三维重建技术重建飞机模型，并通过 HMD 进行显示。使驾驶员不仅能够看到飞机周围场景，还能完整地看到所驾驶飞机的结构，在驾驶舱内提供 3D 360 度体验，有利于飞行员对飞机战斗状态做出评估。通过多种传感器捕捉到的信息，将大气温度、湿度、能见度、地形地貌、海拔高度等信息实时显示在驾驶员最舒服的视野范围内，能够简化飞行员信息获取的流程，节省其信息获取的时间，有利于更好地把握战机，取得胜利。

手持式移动显示器

手持式移动显示器是一种允许用户手持的显示设备。它虽然消除了用户佩戴头戴式显示器的不舒适感，但也相应地减弱了视觉的沉浸感。随着各种性能较强的移动智能终端的出现，为移动增强现实的发展提供了很好的开发平台。智能手机普遍都具有内置的摄像头、内置的 UPS 和内置的惯性传感器、磁传感器等，同时具有较大的高分辨率的显示屏，体积小易于携带，是增强现实技术开发中非常理想的设备。

计算机屏幕显示器

计算机屏幕显示器拥有较高的分辨率，可以满足当前很多桌面机用户的视觉需求。这种显示设备适合那种室内需要渲染精细三维物体的增强现实的环境，并且适合于将虚拟物体渲染到范围较大的环境中。同时平面显示设备造价低，性价比高，多用于低端或者多用户的增强现实系统中，虽然屏幕的沉浸感非常弱，但对于多用户、大场景的增强现实系统参与感却很强。

投影显示

与平面显示设备把图像生成在固定的设备表面不同的是，投影设备能够将图像投影到大范围的环境中；与头戴式的显示设备相比，投影设备更适合室内 AR 应用环境，其生成图像的焦点不会随着使用者视角的改变而变化。亚马逊获得了“物体追踪”和“反射测距”两个专利，其中，“物体追踪”是利用了相机和投影仪的基本原理，将虚拟的影像投射在真实的物体上去，再去捕捉人手的动作来实现互动，“反射测距”是通过投影仪将整个房间变成全息平台，进行测量人和物体的对应距离。这两个专利的原理跟微软研究院开发的 RoomAlive 项目的原理类似。不同的是，RoomAlive 项目利用 Kinect 与投影仪来扫描房间的几何形态，然后把虚拟影像投射到房间的任何角落来实现与用户的互动。

在日常的开车过程中，人们都需要时刻保持注意力的高度集中，做到“眼观六路、耳听八方”，稍有疏忽便可能引发事故。但即便如此，每年还是有许多交通事故是由驾驶员的失误引起的。此时如果有了诸如 AR 技术的帮忙，对有效感知更多信息、提前预防事故则更加有效。阿里 AliOS 联合斑马智行，推出汽车 AR 仪表盘。AliOS 与斑马网络的 AR 团队结合 AR 增强现实和行车道路信息，采用 AR 液晶仪表盘的形式，为驾驶者提供更加安全便捷的行车辅助。区别于传统导航模式，AliOS 将视觉识别结果、融合定位结果及地图导航元素，融合在液晶仪表盘上来渲染成 AR 图像，展示的信息包括当前车速、行车信息、实时道路信息，如车道、前方车距等，并能给予驾驶者什么时候应该直行、什么时候转弯等智能行车决策辅助。除此之外，AR 仪表盘还可以进行智能感应安全预警，能根据道路上的复杂交通情况为驾驶人提供实时的行车安全辅助，如车道偏离预警、前车碰撞预警等（图 3–10）。

图 3–10　全息增强现实导航

资料来源：http://www.sohu.com/a/289148253_518963。

3.2.3　创造鲜活的虚拟场景：特征提取与匹配技术

基于角点的特征提取与匹配

基于角点的特征提取技术指的是将图像中某些类型的特征抽取出来并据此

判断图像内容，也称为角点检测。Moravec 算子是最早的角点检测算法之一，由卡耐基梅隆大学的 Hans E Moravec 于 1984 年提出并应用于立体匹配。该算法用平方差之和 SSD 定义自相似程度。处于亮度均匀区域的像素点邻域像素点相似程度较高；反之，处于边缘的像素邻域像素点会呈现出很大差异性。Harris 算子是最著名的特征提取算法之一，可以检测出边缘像素点和角点像素点。

基于边缘的特征提取与匹配

边缘检测主要指的是一种空间域过滤加上阈值门限比较判别。它将边缘像素点以二值化形式保留而将其他像素点滤掉。边缘检测具有很长的历史。1965 年，Roberts 最先提出了边缘检测的模板，之后大量的检测灰度级间断的算子被提出来，如 Prewitt、Canny 等。边缘检测方法大致可以分为两大类：微分算子和参数模板匹配方法。

基于纹理的特征提取与匹配

纹理主要是指三维或二维客观场景映射成的平面结构图案，在局部区域内呈现出不规则性，而在整体上表现出某种规律性。为了定量描述纹理，需要研究纹理本身可能具有的特征，从人的感知经验可知，粗糙性和方向性是人们区分纹理时所用的两个最主要特征。纹理不仅反映图像的灰度统计信息，而且反映图像的空间分布信息和结构。多年来研究者们建立了许多纹理算法以测量纹理特征，这些方法大体可以分为 4 类：结构分析法、统计分析法、基于模型的方法和变换法。

增强现实特征提取与匹配的应用

Wikitude 和 Metaio 公司的魔眼（Junaio）是 AR 浏览器两个最有名的例子，它们提供的情境敏感式信息软件能够识别场所或物体，并将数字信息与现实世界的场景连接起来。智能手机都可以运行这一软件，用户可以通过手机摄像头的视角看到周围的数字信息。这些数字信息可以是附近感兴趣的地方，如博物馆、商店、餐馆，或者前往下一个公交站的步行路线。

面部检测和 AR 的结合则是在现实生活特定情境中轻松获取互联网信息的另一个例子。Infinity 是一款 AR 应用，它可以分析一张面孔，将其与社交网络上的头像进行比对匹配，匹配目标在社交网络中发布的信息就会显示在用户视野中。这项功能在消费应用领域非常实用的技术也会受到执法部门的欢迎（如扫描人群，寻找通缉犯）。

宝马 ConnectedDrive HUD 系统的增强方式是在外部环境真实物体上叠加虚拟标记。导航信息或者驾驶助手系统的信息可以显示在司机前方道路视野的精确位置上，同时，导航指示还可以层叠在道路上，根据具体情况可以将其他汽车或安全相关的物体标记出来。

3.3 VR 和 AR 技术的差异

3.3.1 定义上的区别

VR 是一种虚拟现实技术，通过计算机技术生成一种模拟环境，同时使用户沉浸到创建出的三维动态实景，可以理解为一种对现实世界的仿真系统。而最早 VR 技术应用于军事领域，最常见的产品则是头戴显示器。从虚拟现实技术的演变发展史发现，1963 年以前是虚拟现实概念还在襁褓中的酝酿阶段；1963—1972 年是虚拟现实的萌芽阶段；1973—1989 年是虚拟现实概念的产生及理论初步形成阶段；1990—2004 年是虚拟现实理论进一步的完善和应用阶段。

AR 是一种全新人机交互技术。通过 AR 技术，让参与者与虚拟对象进行实时互动，从而获得一种奇妙的视觉体验，而且能够突破空间、时间及其他客观限制，感受到在真实世界中无法亲身经历的体验。增强现实技术的根源可以追溯到现代计算机的诞生时期。早在 1968 年，哈佛大学电气工程副教授萨瑟兰发明了一款名为“达摩克利斯之剑”的头戴式显示设备，这也是第一套虚拟现实系统。

总体来说，AR 看到的场景和人物有真有假，是将虚拟的信息带入到现实世界中。VR 看到的场景和人物都是假的，是用计算机做出来的，是让你沉浸到一个虚拟的世界。

3.3.2 技术上的区别

因为 VR 是纯虚拟场景，所以 VR 装备更多的是用于用户与虚拟场景的互动交互，更多的使用是位置跟踪器、数据手套（5DT 之类的）、动捕系统、数据头盔等。VR 设备往往是浸入式的，典型的设备就是 oculus rift。

由于需要将现实与虚拟场景结合，摄像头是必需品。只要是带摄像头的电子产品，如手机、iPad 等，都能通过安装 AR 软件，实现 AR 技术。利用摄像头产品，让用户在现实世界中与游戏中的角色进行交互式活动。例如，AR 手机游戏精灵宝可梦、阴阳师“现世召唤”活动就是通过手机摄像头实现的。在大型活动、舞台剧场、演唱会表演等各种大型现场。将虚拟对象与真实舞台完美叠加，透过大屏幕或投影仪为观众呈现出一个梦幻与现实混合的三维奇观。例如，当下名声大噪的初音未来、洛天依等虚拟歌姬的演唱会，就是通过 AR 技术实现的。

第四章 ● ● ● ●

医疗场景建模：开启智慧医疗新模式

高盛预测报告显示，到 2025 年，虚拟现实市场规模将高达 800 亿美元，其中医疗健康领域将占 51 亿美元，用户数约 320 万。虚拟现实已被广泛应用于医学领域，虚拟人的出现让人体展示更为直观，也更具有趣味性，虚拟内窥镜技术让医生可以全方位地观察病灶深处，虚拟手术让外科手术更加安全可靠。从应用领域看，目前 VR/AR 医疗主要应用于临床手术、医疗教育、远程医疗、心理康复、生理修复训练、痛感控制和个性化健身等领域，不仅帮助医生以更低的成本学习使用医疗器械、医疗知识，也为患者止痛、帮助患者恢复。医学虚拟现实技术的应用开辟了医疗工作的新思路，未来会在医学实践等领域得到更广泛的应用，具有广阔的发展前景。随着各国对虚拟现实技术投入的加大和信息高速公路的建设，会更快地推动虚拟现实技术在医学中更广泛、更深入的应用，给传统医学带来重大变革。

4.1 医用虚拟人体

虚拟人是一门新兴学科，在医学领域资源使用管理决策工作中如医学解剖等具有重要的意义。医用虚拟人实现了人体数据的可视化，为医学工作者提供了丰富的文字、数据、图形、图像等直观化信息。另外，对于可视化的结果，医学工作者可以进行人机互动，提高工作的效率，提高实验结果的准确性。医用虚拟人水平的提高，将进一步促进医疗水平的发展。

4.1.1 3D 虚拟人

可视人体计划

美国在 1989 年提出的“可视人体计划”（visible human project，VHP）是虚拟人发展过程中的重要里程碑事件（图 4–1）。当时美国国立医学图书馆和美国科罗拉多大学试图完成人体截面图像的采集，要采集这些数据，需先要将志愿者人体切成薄片，每切一次片，就需要用数码相机和扫描仪对已切片的切面进行拍照、分析，之后将数据合成三维的立体人类生理结构。1991 年 8 月，美国开始进行人体结构数据的采集和三维重构。1994 年，美国科学家将一具男尸切成 1000 多片（每片厚度 1 毫米）；1998 年，又将一具女尸切成 5000 多片（每片厚 0.33 毫米），获得一男一女两个虚拟人光学照片数据，以及 CT 和核磁共振断层扫描图像。这种精度，在电脑储存的数据上高达 56 GB，从而形成了数

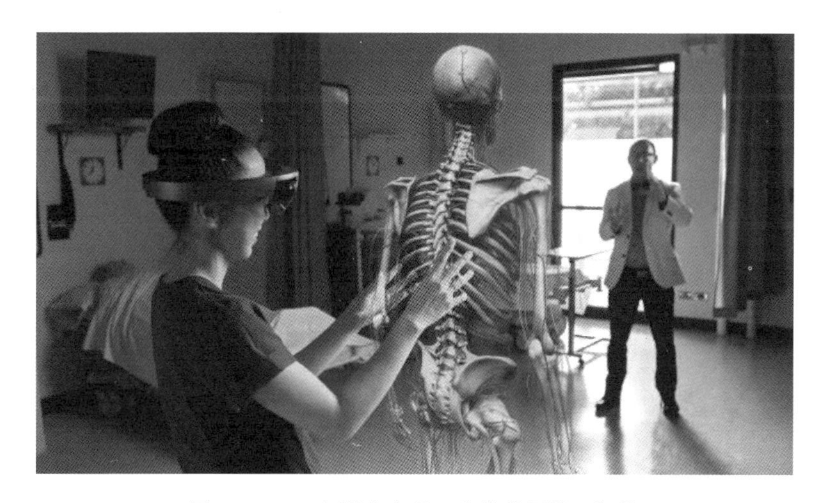

图 4–1 3D 虚拟人实现了人体数据的可视化

资料来源：https://baijiahao.baidu.com/s?id=1615836749716883252&wfr=spider&for=pc。

字化的解剖人，为医学上和其他学科的相关演示提供了技术保证。

物理虚拟人

这个阶段的物理人就不同于解剖人，他会像真人一样对外界有反应：骨头会断，血管会出血。例如，在做汽车碰撞试验时，“虚拟人”可以提供人体意外创伤的数据，帮助改进汽车的安全防护体系。早在1996年，美国橡树岭国家实验室牵头酝酿虚拟人创新计划，他们设想，将人类基因组计划和可视人计划的研究结果结合起来，完成人体的物理建模，能够模拟人体器官组织和整体在外界物理刺激下的反应。有专家称之为“虚拟物理人”。美国橡树岭国家实验室1999年向国会提出虚拟人计划，虽然美国国防部非致命武器委员会马上表示支持，但时至今日，美国的虚拟人计划还在讨论阶段。随后美国科学家联盟又提出包括可视人、虚拟人等全部内容的数字人计划。它的目标是实现人体从分子到细胞、组织、器官系统和整体的精确模拟，被认为是有史以来最雄心勃勃的研究计划。

生理虚拟人

生理虚拟人，将生命科学研究的成果数字化，赋加到几何人体，模仿人的生理特征，如心脏运动、血管的变化、反应人的血液循环等，这种虚拟人可以反映生长发育、新陈代谢、重现生理病理的有关规律性演变。生理虚拟人是数字虚拟人研究的最终目标，近期不可能完全实现，只能逐渐完善。但有望在不久的将来实现局部器官的生理虚拟，如将心脏的生理功能信息附加在几何和物理虚拟心脏上，在这一虚拟心脏平台上，既可模拟各种心脏手术，又可模拟各种药物对心脏的作用，从中筛选最佳手术方式和最佳用药剂量、给药方式，进行药效对比等一系列试验。当前我国在这个领域的研究工作已经解决了虚拟人的若干关键性技术问题，在人体建模基础数据积累上，提供了部分数据资料，但是这些数据的典型性、代表性、合理性和适用性，都有待于在实际应用时进行校正和检验。

医用虚拟人

医用虚拟人主要用于各种医疗培训和药物研发。例如，利用虚拟人可以在电脑端操纵虚拟人体模型进行外科医生培训，在动手术之前，可以先在虚拟人身上开刀，电脑上会显示刀口断层及组织断面，为医生制订术前计划提供科学参考。虚拟人还可以用于药品研发，医生和制药公司就可以先在与患者身体数据一模一样的虚拟人身上试验新药，并将药物对虚拟人产生的影响数据输入电脑，让虚拟患者先试吃，虚拟患者会显示服药后的生理反应，从而协助医生对症下药。这种方法可以提高用药准确性和研制新药及新药上市的效率。此外，虚拟人还可以用于放射性治疗实验。放射治疗是治疗肿瘤疾病的一个重要手段，但由于现在做放射治疗的医生只能凭经验进行辐射量的调节，患者往往担心在此过程中受到过量的辐射。现在有了虚拟人，医生就可以先对虚拟人做放射治疗，通过其身体的变化来测定实际辐射量的使用，最后再用到真正的患者身上。这样就进一步提高了治疗的安全性。

4.1.2　高清虚拟人的实现

标量场可视化

医学图像可视化属于科学计算可视化的研究范畴，在该领域被称为标量场可视化（scalar field visualization，SFV）。它是虚拟手术仿真器技术的实现基础，目前三维标量场可视化技术主要分为两类：通过抽取中间面的表面绘制技术和基于体元的体绘制技术。体绘制方法能有效地展现物体的全貌，但是对于虚拟手术仿真器而言，最大的缺点是运算量大，难以达到实时性。因此，人们主要采用面绘制方法，并在不断谋求以较少的中间几何图元来表现逼真人体器官组织的三维重建方法，但是，采用面绘制方法往往只能获得器官组织的外观，如果要表现器官组织的内部视景，则该方法比体绘制方法困难，需要采用诸如填充等其他方法（如将体分解为一组四面体）加以补充。标量场可视化最典型的应用是医学 CT 采样数据，每个 CT 的照片实际上是一个二维数据场，照片的灰度表示了某一片物体的密度，将这些照片按一定顺序排列起来，就组成了一个三维数据场。

人体组织图像分割

为了获得局部的人体组织器官模型，主要有两种图像分割技术：二维图像轮廓线和体数据分割。三维重建的数据源通常是一组一定间隔扫描获得的二维图像，它需要将每张图片上相同组织的轮廓提取出来，产生感兴趣的二维二进制图像，然后将产生的图片堆叠起来构成三维二进制图像，最后再采用可视化技术进行三维重建，从而获得组织器官模型。对于体数据的分段，有一个简单的技术是采用阈值方法，只有光强大于该阈值的像素点时才被显示。这种方法的阈值主要是由人来指定的。而另外一个更通用的方法是采用图像处理中的边缘检测技术，即使用标准的图像处理操作或综合对数据集进行过滤处理，以获得所需的分段阈值。

组织器官切割实时交互

对虚拟人体组织器官进行物理建模的主要目的是模拟组织器官（通常是软组织）在手术器械的作用下产生力的反馈和变形。变形模型主要是针对非刚体自由形状物体而言的。有人曾提出用非线性变形的转换矩阵来实现物体的变形及自由体变形方法，但还是难以模拟现实世界中丰富的变形，难以做到实时交互性。因此，近年来研究重点放在基于物理学的变形模型上。由于受限于虚拟手术要求的实时性，当前使用最多的是基于简化的弹性理论变形模型，如主动面模型。主动轮廓线是一种能量最小化的样条，可以通过外力来操作它的形状，主动轮廓线的基本行为就是将能量值趋向为最小，而主动面将这一原理从二维扩展到三维。

4.1.3 虚拟解剖

虚拟互动人体解剖学：等比例还原人体

人体解剖是每位医学学生了解与掌握人体结构的必经过程，3D 虚拟解剖正在悄然改变这一过程。3D 虚拟解剖技术拥有区域解剖功能，可以实现分层解剖的效果。医学生在操作时，不仅可以深入了解与掌握某一层生理结构的细节特征，亦可便于学生反映观察分层解剖的特点。英国爱丁堡大学解剖学学院利用 3D 虚拟技术，已研制出了一台颇为新奇的高科技医学教学科研设备——3D 虚拟解剖台。这一新型仪器设备已被运用于英国爱丁堡大学解剖学学院的日常教学与科研之中。利用 CT 扫描设备的全景扫描，可以将尸体结构以图像形式输出，从而在虚拟解剖台上呈现出与真人比例完全一致的男性或女性生理结构的详细解剖图像。通过 3D 虚拟成像技术，人体各处生理结构可以互相叠加并组成彩色 3D 影像。人体整个身体及皮肤之下的每一处细节均可呈现在虚拟解剖台上，供学习者在某处虚拟位置上加注标签，并用于解决实际临床问题。借助于虚拟解剖台这一设备，医学生们只需通过触摸屏就可对尸体予以解剖。

人体三维空间定位

虚拟解剖技术可以令人体器官、组织、神经等反复“切除”后再重新“生长”，从而令操作者更深入认识人体各组织间的联系。新加坡国立大学医学院医疗模拟中心启动了计算机模拟人体解剖系统，以加强人体解剖学的教学和学习。这个系统被称为虚拟互动人体解剖学（virtual interactive human anatomy，VIHA），它补充了传统的解剖学课程，这些课程对医学研究至关重要。VIHA 改善了解剖结构的三维空间定位，因为学生可以与虚拟人体进行互动。例如，移除身体部位并从多个角度观察它们。通过使用虚拟现实头套和手持式控制器，学习者被转移到一个虚拟解剖大厅，在那里他们可以对虚拟人体尸体进行局部解剖或区域解剖，从而逐层观察其结构。通过这个软件能够操纵和调动关节和肌肉，剥离皮肤和组织层，并窥视更深层的结构，如器官、血管、神经和骨骼。每一个动作都可以重复操作，让学习者可以更好地理解各种身体结构之间的关系。

透视解剖人体系统

3D 虚拟解剖技术的显著优势，开拓了当前医学专业教学的思路。3D 虚拟解剖技术有利于学生对人体器官和组织的记忆，掌握其形态、位置及毗邻关系，帮助学生在头脑中构建复杂立体的人体结构，实现从抽象到可视化、立体化的教育思维模式的转变，解决了学生学习解剖学的实际困难。其中较为典型的案例是由美国 Visible Body 公司研发的 Visible Body 多点触控医学解剖系统。Visible body 是基于网页上的一个在线软件，它已经成为如今最为可行的查看人体系统的最全面的工具，通过它，你可以更为全面地了解我们人类的身体构造，如皮肤、神经、肌肉、心脏等，它们都将以 3D 形式直观地呈现在我们眼前，其数量总和超过 1700 多个，而且还可以随意拖动、放大及缩小，满足普通人了解身体构造，体验解剖的乐趣（图 4–2）。

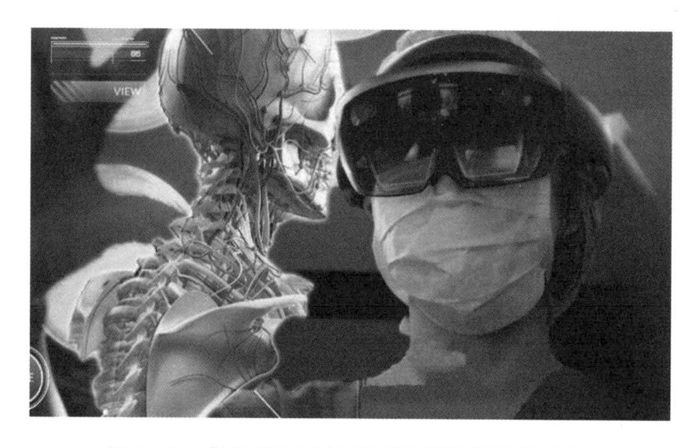

图 4–2　虚拟现实系统可以透视解剖人体结构

资料来源：http://www.sohu.com/a/224811400_100031230。

4.2　虚拟诊疗：改变传统诊疗过程

在诊断方面，传统医学诊断主要靠医生的学识和经验，但医生也有“吃不准”的时候，这就会导致误诊。利用虚拟内窥镜、虚拟活检等检查诊断措施，降低了检查的危险性和医疗成本。在治疗方面，虚拟手术已经成为虚拟现实在医疗领域最成功的应用之一，借助虚拟手术可以实现手术计划制定，手术排练演习，手术技能训练，术中引导手术、远程手术等，虚拟手术系统已经成为外科手术中不可替代的得力助手。

4.2.1　辅助医疗

虚拟内窥镜细探病灶深处

作为一种无接触式、无创性检查，理论上说身体任何部位都可以用虚拟内窥镜（virtual endoscopy，VE）进行检查，这降低了检查的复杂性、危险性和成本。一些重要的器官，像心脏、内耳、大的动脉等，都是虚拟内窥镜理想的重要模拟对象。和传统的内窥镜技术相比，虚拟内窥镜有以下优势：实现了无接触式检查，且具有无创性，极大地减少了患者的痛苦。检查过程中不会产生穿孔、感染或出血等不良反应；可以在计算机屏幕上从任意的角度和方位对病灶进行观察，并能同时提供病灶腔内、腔外的情况（图 4–3）。这种动态的显示可以使医生更好地了解观察对象的整体结构和相互关系；降低了医疗检查的复杂性、危险性和医疗成本。采集后的数据可以长久地保存在计算机里，既方便日后医生和患者的查阅，又易于保存。东软开发的结肠虚拟内窥镜计算机辅助检测系统（NeuColonCARE）是专为结肠科打造的专门图像后处理工作站。在虚拟内窥浏览中特别使用了高级立方体展开显示功能，能有效提升使用者的交互感，也有利于用户观察到感兴趣的肠内组织。

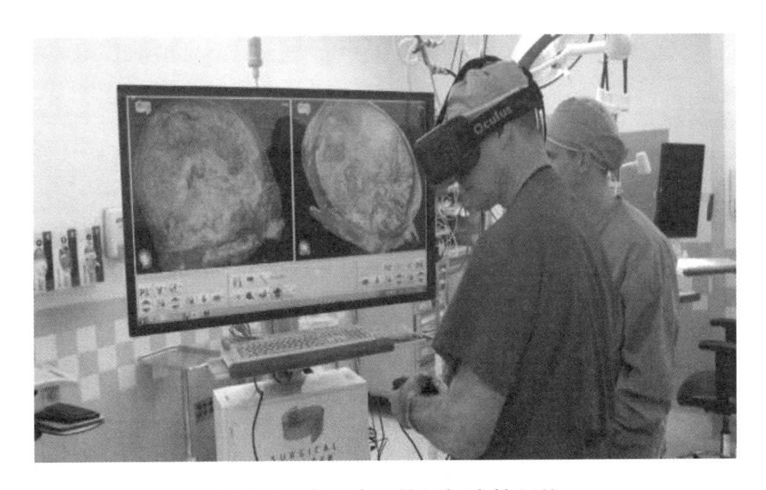

图 4–3　虚拟内窥镜细探病灶深处

资料来源：https://baijiahao.baidu.com/s?id=1615836749716883252&wfr=spider&for=pc。

远程医疗赢得急救黄金时间

随着5G与VR/AR的结合，远程医疗也逐渐被更好的应用。全息投影、远程会诊，过去我们只会在科幻电影里看到这么高科技的医疗方式，这一切都将成为现实。不需要到达现场，专家只需要戴着一个AR眼镜，站在5G智慧急救指挥平台前，就可以看到救护车内的实时全景，全面掌握患者急救的情况了，通过高速率、大带宽的5G网络，急诊医生在救护车抵达医院前就可通过车载高清摄像头、AR眼镜等设备获得车上实时信息。救护车上急救人员佩戴AR眼镜后，其第一视角影像将被即时回传至医院内的液晶显示屏上，使医生也如同置身现场，毫无阻滞地进行视诊、问诊，并能通过语音对话、文字输入甚至直观地在视频画面上勾画标记，指导车上人员检查、抢救。病患的过往病历、当前心电图、血样分析等车载设备检查结果都可第一时间无损传至医院，为院内医生诊断提供判断依据，实现院前院内无缝联动，快速制定抢救方案，提前进行术前准备，免去急诊等待时间。也就是说，通过5G与虚拟现实技术相结合，入院这一关口被大幅前移，做到了患者上车即入院。

无伤痛虚拟注射训练仿真

注射仿真系统已经获得了广泛的应用，可以取代真实器械，成为注射训练的新方法。无痛苦虚拟注射仿真（pain-free virtual injection simulation，PVIS）系统由电脑连接外部的实体模拟穿刺针及实体手部模型组成。实体手部模型设有模拟穿刺针的专用进针点，进针点内的反馈装置一旦感应到模拟穿刺针进针，程序会根据进针角度的不同，在电脑上虚拟手的穿刺部位会做出不同的反应，如回血、瘀血、肿胀。与传统在模拟人上的操作相比较，增加了操作的互动性、真实性。例如，加州大学伯克利分校的研究人员开发了一个放射外科所使用的虚拟注射系统，可以为短距离放射治疗手术进行术前规划和提前培训。此外，荷兰代尔夫特理工大学还开发了一个具有两个自由度的虚拟脊椎穿刺培训系统。

4.2.2　虚拟手术：容错与复用技术

虚拟手术中的软体碰撞

虚拟手术仿真过程中，检测虚拟手术器械与虚拟人体软组织之间的碰撞是仿真进行后续操作的基础，如软组织的形变和压力计算，同时也是切割模型的前提条件，而形变和压力计算及切割又对碰撞检测提出更高的要求，碰撞检测的结果不仅要报告碰撞的基本情况，还要为进一步的变形计算提供详细的碰撞信息。由于虚拟手术仿真过程中涉及的两类对象分别属于刚体对象和软体对象的范畴，因此与刚体和刚体之间的碰撞检测不同。虚拟手术仿真的目标是通过计算机技术逼真地再现现实手术过程中的场景，如虚拟的软组织在虚拟的手术器械作用下发生变形、切割的过程。碰撞检测是基于虚拟对象的几何模型，而由于发生碰撞而导致的形变会使几何模型发生变化，从而对进一步的碰撞检测产生新的影响。

人体组织切割形变仿真

对于人体软组织来说，发生切割的过程，首先是其几何模型拓扑结构的变化，然后是软组织的几何模型结构中，在与虚拟刀具发生碰撞的基本单元体的分裂。被切割的软组织需要达到一定的切割条件才能断裂，切割条件也决定了虚拟手术器械在模型切割中的最终位置。当虚拟器械接触到软组织时，由于在接触区存在着应力集中现象，随着应力的加大并达到软组织承受力的限度时，物体在该处进行断裂，进而开始切割。由此可知，切割过程实际上是被切割物体在切口处的断裂。在虚拟手术的切割仿真过程中，当手术刀切开模型时，模型中与手术刀有接触的软组织将根据沿着手术刀运动的方向按一定的规则进行分裂，此时，手术刀对模型碰撞的作用点（线、面等）和作用类型可以由刚体对软体的碰撞检测算法得到。系统的变形仿真一般是基于质点－弹簧（mass-spring）算法来实现的，只要是顶点之间有边相连，它们之间就会有弹性，根据顶点的位置和边上相应的弹簧系数就可以实现对系统几何模型的更新进行计算。

4.2.3 VR/AR 手术过程

虚拟手术规划

虚拟手术规划（virtual surgical planning，VSP）可协助建立手术方案，帮助医生合理、定量地定制手术方案，辅助选择最佳手术途径、减少手术损伤、减少对组织损害、提高病灶定位精度，以便执行复杂外科手术和提高手术成功率等；可以预演手术的整个过程以便事先发现手术中可能出现的问题，使医生能够依靠术前获得的医学影像信息，建立三维模型，在计算机建立的虚拟环境中设计手术过程、切口部位、角度，提高手术的成功率。例如，3D Systems 公司推出的 Jaw in a Day，是一项最新的虚拟手术规划解决方案。该产品能够让牙医针对患者的特殊情况来定制手术导板、模型及器械等仪器。使用该产品，外科医生可以实现个性化的手术规划，所有这些都是与特定的手术和患者相匹配的。这对于医生和患者来说都是既安全又高效的一次技术提升。

仿真手术全程

在手术过程中，虚拟手术仿真系统将医学图像或三维模型与实际手术场景进行注册配准，医生在手术过程中既能看到实际手术图像，又能看见叠加的计算机辅助图像，使医生在图像的引导下对病症进行精准定位，提高手术命中率，在神经外科、骨科等手术中已获得了广泛应用。以显微手术为例，利用虚拟手术系统做显微外科手术时，可将手术部位放大，医生即可按照常规手术动作幅度进行操作，与此同时，虚拟手术系统又把医生的这种常规幅度的手术动作缩小为显微手术机械手的细微动作，从而明显地降低了显微外科的难度（图 4-4）。

多专家虚拟支持

利用虚拟现实技术可以实现多专家远程虚拟协同（multi-expert remote virtual collaboration，MRVC）手术，通过远程控制操作设备与远距离医院建立起远程医疗系统，医生只需对虚拟患者进行手术，再通过因特网将其动作传递到远端的手术机器人，由机器人对患者进行手术。日本研制出的远程控制血管缝合机器人，实现了直径 1 毫米血管的远程操作缝合手术。2003 年，解放军

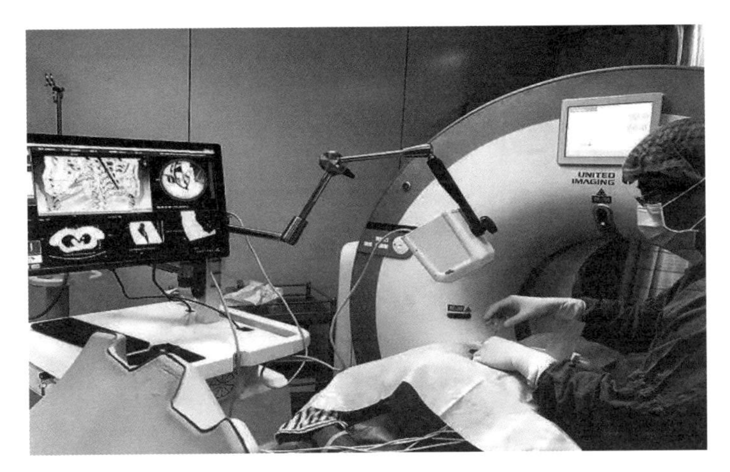

图 4–4　瑞金医院的专家团队正在运用虚拟手术平台为患者做诊疗

资料来源：https://new.qq.com/omn/20181015/20181015A1J277.html。

海军总医院神经外科中心与沈阳医学院附属中心医院联合完成了远程遥控机器人立体定向神经外科手术。

手术再现与复用

虚拟手术系统可以实现手术再现（surgery reproduce，SR）与复用，应用于手术训练及教学（图 4–5）。临床上大多数的手术失误是人为因素引起的，所以手术训练极其重要。以往在患者身上积累开刀经验练手艺的过程，现在通过虚拟手术系统就可以进行观察学习，在数字人身上反复进行演练、学习，避免不必要的医疗事故与损伤。虚拟手术系统可为操作者提供一个极具真实感和沉浸感的训练环境，还能够给出手术练习的评价。来自芝加哥的 Level EX 公司研发了一款名为 Airway EX 的手机应用，它由视频游戏开发商和医生协助开发完成，是一款外科手术模拟游戏。该游戏旨在为麻醉医师、耳鼻喉科医师、重症监护专家、急诊室医生和肺科医师设计。游戏应用可以为医生提供在真实病患案例身上进行 18 种不同的虚拟气道手术的机会。

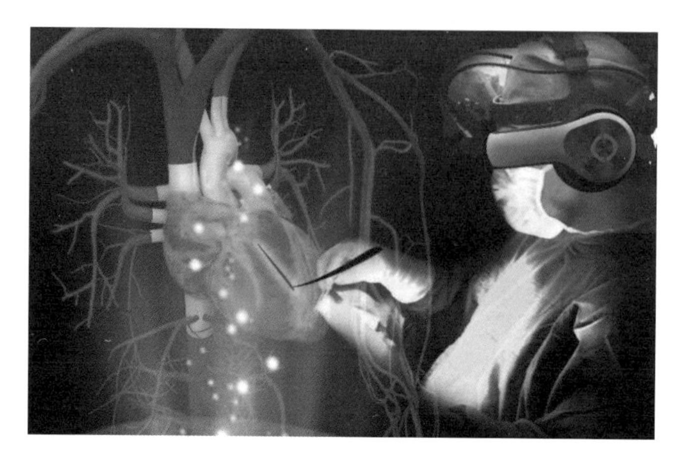

图 4-5 虚拟手术系统可以实现手术过程再现与复用

资料来源：https://baijiahao.baidu.com/s?id=1615836749716883252&wfr=spider&for=pc。

4.3 虚拟医学实验室

许多医学教育中的实验、临床相关实验及药学实验都可以在虚拟医学实验室（virtual medical laboratory，VML）中进行。基于虚拟现实创造的虚拟实验环境，我们在相对安全的条件下全方位、多维度地观察药物分子、细胞、病毒等微观世界的物质结构和相互作用，还可以对各种虚拟医疗仪器进行操作，既降低了医学实验的成本，又提高了医学实验的趣味性和安全性。

4.3.1 安全高效的药物研发

虚拟境界控制药物分子模型

许多药学实验都可以在虚拟实验室中进行，一种药品从研制成功到投入应用，要经过大量实验或临床试验，而利用虚拟药学实验不仅可以加快测试过程，降低成本，还可以避免药物可能对人体造成的损害。英国 PA 咨询公司与美国菲西奥姆科学公司联合研制的虚拟人体系统，便是借助数字化人体，模拟药物在人体中代谢的作用。美国北卡罗来纳大学研制应用虚拟现实技术进行复杂分子合成实验，研究人员在虚拟境界中控制药物分子模型，通过所模拟的分子力反馈，进而测试出该药物分子与其他分子相结合的最佳方向，即所谓的“分子人位”。

利用计算机生成的分子模型，把所有相关类型的药物连接在一起，并将其锁定在病原体上，从而解除病原体的致病能力。

复杂药物分子结构可视化

科学家们利用虚拟现实观察分子结构，以研发各种药物。通过分析众多分子模型，化学家可以设想在一个理想的世界中，什么样的分子能合成最好的药物，更有效地治疗疾病，不良反应更小。药物研发公司 C4XDiscovery（C4XD）开发了一款 VR 工具——4Sight，能帮助化学家将复杂分子的结构可视化，即在 VR 中把微观结构呈现在眼前，用以研发与癌症、慢性成瘾等疾病相关的新药。VR 使药物看得见、摸得着，在虚拟世界中，科学家能够近距离地亲眼观察他们设计的药物结构，而且可以用手触碰悬浮在他们面前的虚拟分子，与分子结构亲密互动，以查看更多细节（图 4-6）。C4XD 的生物化学家正在利用 VR 技术，研发治疗呼吸系统疾病及帕金森等相关疾病的药物。

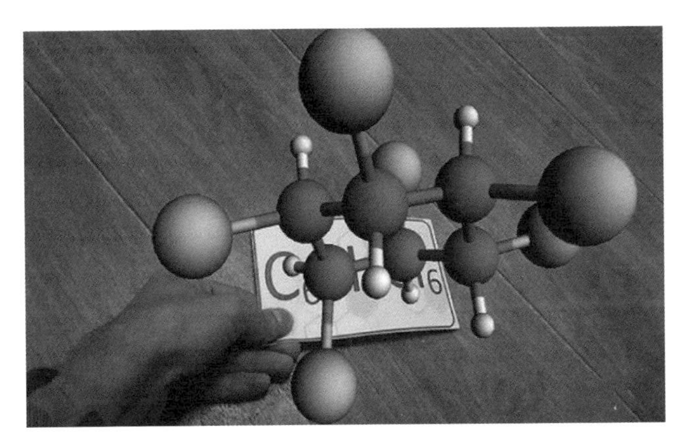

图 4-6　复杂药物分子的结构可视化

资料来源：http://www.sohu.com/a/252095507_100173153。

4.3.2　虚拟生物世界

多角度多维度模拟动物机体

在虚拟现实建立的实验环境中，可以模拟各种动物机体构造模型，可以借助于跟踪球、感觉手套等硬件设备，反复感知和认识动物机体内部各器官结构，从而能够更加容易地理解动物解剖学的有关基础理论知识。基于增强现实技术，可以实时将操作者的虚拟现实交互场景展示到裸眼高清 3D 立体显示器及其他显示设备上。实现身临其境的解剖实训操作，并可以通过大屏幕显示器观看三维立体的操作效果，通过多角度、多维度的空间了解动物机体的组织形态构造。同时，利用 3D 跟踪眼镜的多个反光点（与显示设备上的跟踪器配合使用）来实现头部跟踪功能，使系统能够准确判断眼镜所在位置，从而根据眼镜视角的不同，转换不同视角下的显示内容，达到逼真的 VR 效果，产生强烈的沉浸感，即感觉自己处于一个真实的操作空间。另外，还可以通过自主控制的人机交互功能进行动物解剖实训虚拟练习，实验操作可以反复地、不同方式地、多角度地进行。

身临其境的细胞之旅

在传统二维教学场景下，学生对细胞内各种细胞器的认知要结合课本、挂图和视频等教学手段，然后结合自己想象进行认知，这样会导致学生对细胞器的认知出现差异，进而影响教学质量。如果用虚拟现实技术进行虚拟场景教学，学生就可以走进多维微观细胞场景，开启细胞之旅（journey to the cell，JTTC）（图 4-7）。例如，观察线粒体如何进行有氧呼吸从而作为动力车间提供细胞所需的能量；叶绿体作为植物细胞的养料制造车间和能量转换站如何进行光合作用；内质网如何成为细胞内蛋白质合成及脂质合成的车间；高尔基体是怎样对来自内质网的蛋白质进行加工、分类和包装。运用虚拟现实技术可以让学生以微观的视角游走在各种细胞器之间，观察它们如何协调工作，如何为细胞的新陈代谢提供所需的能量。细胞器内同时存在着多种细胞质基质，它们之间有多种化学反应同时进行，用虚拟现实技术将这个抽象的反应过程构建出来，学生就可以走进分子，观察分子间进行反应时的过程，感受它们的结构和功能。

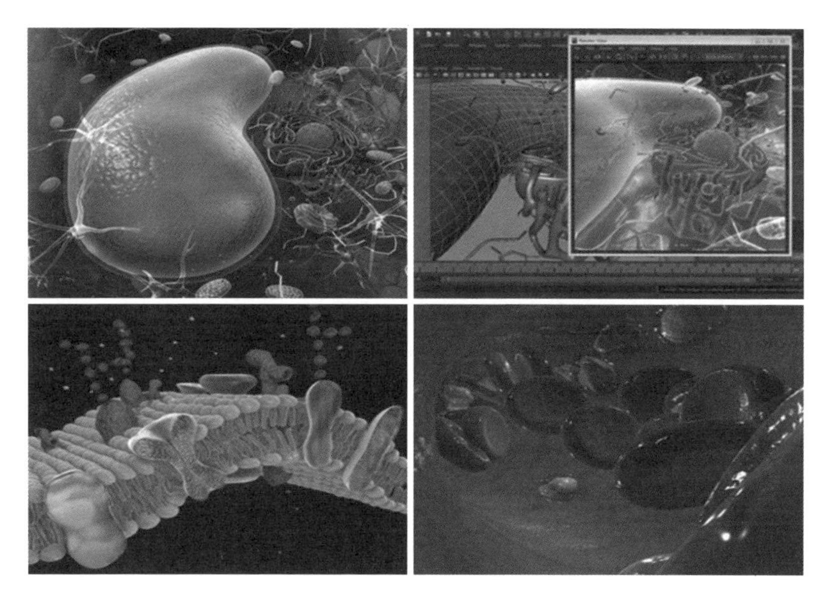

图 4-7　细胞微观组织三维模型

资料来源：http://www.pcvr.com.cn/html/solutions/biologicala.html。

发现病毒弱点

利用虚拟现实技术可以对病毒进行研究。病毒感染是对人类健康的主要威胁之一，许多常见疾病包括流感、病毒性肝炎、艾滋病等都与病毒有关，某些病毒如人乳头瘤病毒还能引起癌症，甚至有致死或致残率极高、容易爆发传染的埃博拉或寨卡病毒。在美国国立卫生研究院的实验室里，利用虚拟现实技术展现出一个“看得见摸得着”的病毒，它可以用来直接寻找病毒身上的弱点，用以开发药物或者疫苗。通过虚拟现实眼镜和操作手柄，可以观察和感受一个流感病毒的三维结构，以及病毒可能作为疫苗靶点的部位。研究人员希望通过这个方法找到一个通用的流感疫苗，而不是像现在一样每年都需要针对当年流行的菌株生产不同的疫苗。

4.4 VR/AR 肢体运动康复

国内外应用于康复治疗的 VR 系统主要是针对人体的肢体活动进行设计的。应用 VR 技术对患者进行康复治疗，可以根据患者的不同受伤类型提供不同的虚拟训练系统。一方面，患者可以通过做游戏或完成任务的方式进行康复训练，充分调动患者训练的积极性；另一方面，系统可以详细地记录患者的训练数据，康复医生能根据实际情况调整训练计划和强度，制定最佳康复治疗方案。通过 VR 系统，既可以提高医生的工作效率，也能保证患者康复治疗的持续性和有效性。

4.4.1 重建肢体平衡感

脑瘫患儿肢体康复

采用虚拟现实技术对脑瘫患儿进行康复训练可以提高其平衡功能和行走能力，改善患侧踝关节和骨盆运动功能及行走对称性。实验结果显示，在有反馈控制的跑台训练中采用虚拟现实技术对脑瘫患儿进行步态分析和康复训练，患儿自主行走时间比以固定速度行走的时间长。脑瘫患儿对骨盆的控制能力较差，缺乏独立坐站转移能力，也是导致日常生活和活动危险增加的原因之一。通过虚拟现实游戏，脑瘫患儿脊柱产生的运动可以促使骨盆旋转，成为重要的代偿方式，这可能是由于肌肉联合收缩增加脊柱和骨盆的共同运动，使其完成动作的时间缩短。

助脑卒中患者纠正步态

脑卒中引起的肢体偏瘫，导致平衡障碍和步态异常。采用虚拟现实技术对脑卒中患者进行康复训练，可以改善动态平衡功能、纠正步态，但对静态平衡功能的改善不明显。由于骨盆失衡可能是肌肉弱化加重所致，与传统步态训练相比，虚拟现实技术可以协助物理治疗师纠正步态异常，通过分析骨盆和脊柱轨道的平衡控制能力，使骨盆旋转倾斜角更易控制，在降低偏瘫早期患者骨盆前倾效果方面更具优势。近 50% 的脑卒中后偏瘫患者遗留上肢功能障碍，采用虚拟手臂对脑卒中患者进行双手抓握、打开动作训练，能够使患者侧上肢功能明显改善。此外，利用 Kinect 三维体感游戏机对脑卒中急性期和亚急性期患者进行上肢训练的实验表明，竞技类游戏可以给患者带来积极的体验。

帕金森病患者轻松跨越障碍

有研究对帕金森病（Parkinson's disease，PD）患者进行动态平衡训练，发现虚拟现实技术组较对照组在跨越障碍物速度、步长和动态平衡方面均有较大改善，这是由于在跨越障碍物的平衡训练任务中，单腿支撑和重心向前摆动是核心任务，随着平衡功能的恢复，个体重心的摇摆幅度更大，移动时速度更快、更准确。采用静态虚拟现实技术对帕金森病患者进行康复训练，结果显示，冻结步态出现前的最后五步的步行时间显著延长，最后三步的步行时间无递增性差异。究其原因，可能是由于通过虚拟现实训练使患者在水平方向跨步的步长和步速增加，从而使垂直方向患侧足廓清能力增加。

4.4.2　趣味虚拟肢体康复

体验飞行乐趣

在脚踝关节运动控制虚拟康复训练程序中，患者在虚拟环境中进行下肢训练运动，通过踝关节的运动操控虚拟环境中的飞机。患者将脚放在与设备（6 个自由度活动与反馈）相连的踏板上，利用脚驾驶虚拟飞机运动，训练控制能力。当飞机前进时，屏幕上出现一系列方形通道，要求患者操纵飞机穿过这些通道且不能碰壁，这需要患者在飞行过程中不断变换脚踝用力的方向和大小。训练程序可以通过调节通道的个数和位置、飞机速度和触觉接口数量来设置不同难度水平。其他几项研究也发现，利用虚拟现实技术能提高患者的力量和耐久性。患者在行走和爬楼梯过程中，在准确性和协调性方面也有实质性的改善。患者脚踝运动功能的康复速度也得到明显的提高。

虚拟步态康复训练

借助虚拟现实技术还可以对脚步障碍患者进行治疗，提高了治疗过程的趣味性。德国弗朗霍费尔研究所提出触觉步行者（haptic walker，HW）的构想，使用悬吊减重器件，结合虚拟现实技术，研制出足部康复训练系统，大大增加了系统的灵活性。患者可通过脚踏安装多维力传感器的脚踏板，实时采集分析脚部受力情况，同时佩戴头部显示器，置身于虚拟现实场景，模拟正常行走过程中多种情况（如在广场或草坪上行走）的步态，进而进行康复训练。该系统由于结合了虚拟现实技术，因此可以通过设置不同场景和改变音乐节奏等操作，进而与训练者进行互动，从而改善单调重复的训练过程，增强患者在训练过程中获得的乐趣，实现从身心两个方向进行治疗。

与康复机器人无缝衔接

虚拟现实与机器人的结合为肢体康复提供了前所未有的新方式。华中科技大学以康复医学理论为依托，应用虚拟现实技术对上肢康复研究进行了一系列探索性试验，自行研制出了上肢功能康复机器人硬件平台，最终设计出了一套集康复和娱乐功能为一体的上肢运动康复训练系统（图 4–8）。该系统以简单的乒乓球游戏和飞镖游戏为虚拟训练场景，康复训练对象仅为上肢运动功能障碍较轻的患者，无法帮助传统的上下肢中风患者实现康复。哈尔滨工程大学基于虚拟现实技术研制出了一种包括三自由度姿态调整机构和重心平衡的机构，

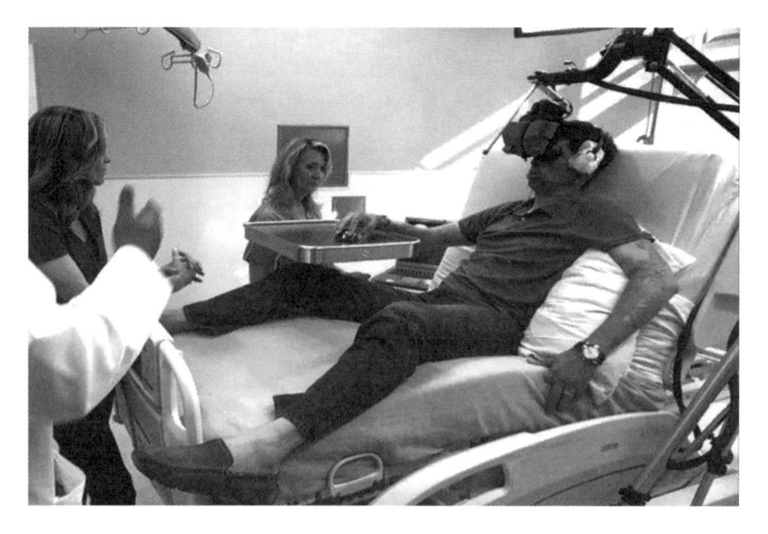

图 4–8　虚拟现实帮助患者进行上肢康复训练

资料来源：https://www.sohu.com/a/119197197_484765。

此研究可实现脚部姿态调整的下肢康复训练机器人样机。该机器人通过虚拟现实技术和减重策略进行机器人控制，在后期研究中增加了四自由度绳索牵引辅助康复，并进行了大量的实验验证和仿真。

4.4.3 从虚拟生活到现实生活的质变

虚拟训练辅助认知功能改善

虚拟现实技术可以作为认知功能的评价方法，成为制定康复目标的参考依据，从而提高患者认知能力。采用两种不同条件的虚拟现实环境，评价存在中度认知损害多发性硬化患者的认知功能，结果显示，52% 的患者无法完成模拟驾驶任务，80% 的患者无法完成日常生活活动对应的认知行为。老年人在陌生环境中，如陌生居住地和医院等，易出现认知功能障碍。一项研究纳入了 129 例 55 ~ 96 岁独居老年人，进行为期 3 天的虚拟迷宫游戏任务并对寻找指定目的地的找路游戏的完成情况进行重复研究，结果显示，测试者采用多种空间和非空间策略，捕捉老年受试者产生动作时肌肉和时程变化并观察他们对外界刺激的反馈激活能力，在 8 周的虚拟现实训练中，受试者伸髋能力和平衡控制能力显著提高，同时受试者空间定向任务反应能力得到了提高，神经功能也得到了改善，因此在进行认知行为时，对认知资源的动员程度更高。

虚拟生活场景提高生活技能

康复训练的根本目的在于最大限度地恢复患者的受损功能，进而提高患者独立生活的质量。日常生活行为是运动康复必不可少的训练项目，这就要求康复训练的环境和内容与真实生活密切相关，只有这样，患者才能将通过训练习得的技能迁移运用到实际生活中去。虚拟现实技术在模拟真实生活场景、提供日常生活技能训练方面具有不可比拟的优越性。在虚拟环境中跟随计算机程序学习诸如倒茶、烹饪、打扫、购物等日常行为，可以保证训练指导跨条件的一致性，并降低错误操作导致危险的可能性。此外，研究者还开发了训练智力障碍患者在虚拟超市中购物的程序，该程序中有 16 例智障患者接受了虚拟的购物训练，对比前后测试成绩可以发现，所有患者按照清单采购商品的能力都有显著提高。

4.5 VR/AR 心理治疗

随着社会生活节奏的加快，抑郁症、焦虑症、恐惧症等心理疾病的发病率呈逐年上升趋势，且低龄化趋势越来越明显。然而，传统的心理治疗方式，如行为疗法、认知疗法、家庭疗法、精神分析法等，都要在治疗过程中引导患者回忆、想象，而 VR/AR 技术的出现，可有效增强患者的主观体验，帮助其疏解情绪，成功走出心理阴影。国内外这方面已有很多尝试，从实验效果来看，VR/AR 在心理治疗上的应用前景十分广阔。

4.5.1 消灭内心的恐惧

治疗恐高症

在前期对恐高症的研究中，VR/AR 一般作为一个辅助工具帮助恐高症患者进入相关情境，其没有认知干预功能或帮助患者放松的效果。治疗师需要根据患者的相关情况及自身经验选择相应的虚拟情境，但最好的心理治疗不是简单的谈话疗法，而是在现实世界中采取直接的主动学习和指导的形式，大多数治疗师通常只有很少的时间在诊所以外与患者会话。这并不能很好地满足患者的治疗需求。在最新的研究中，牛津虚拟现实公司开发了一款 VR 软件治疗恐高症，与往常研究不同的是，此研究不需要治疗师参与，而是使用了虚拟教练来指导患者行为，从而达到认知干预的效果。这个过程中能够消除患者对治疗师的抵抗心理，能使患者更好地进入治疗状态。患者可以通过与虚拟教练的交流来定制治疗，让患者更愿意进入困扰他们的高度。它通过引导参与者在虚拟高度中进行一系列分级练习，以促进认知变化，即发展安全记忆来抵消恐惧联想。随机分组实验结果表明，使用虚拟教练进行治疗与不接受治疗相比，其恐高程度得到了明显降低（图 4–9）。

图 4-9　虚拟现实治疗恐高症

资料来源：http://news.ifeng.com/a/20180822/59930777_0.shtml。

战胜飞行恐惧症

在治疗飞行恐惧方面，与传统的暴露疗法相比，虚拟现实疗法也有巨大的优越性。虚拟飞行成本很低，飞行可以无限制地重复进行，飞行中的不同天气状况可以通过计算机程序在几秒钟之内模拟出来。在治疗过程中，需要将被治疗的人暴露于机场环境中，包括真实暴露和虚拟情境暴露。虚拟情境暴露包括通过头盔显示器向被试人员呈现含有视觉和听觉刺激的虚拟飞行，同时在被试人员的座位下面安装相应装置，使被试人员有飞行时的震动、颠簸感。在真实场景的标准化暴露中，被试人员需要置身于真实的飞机飞行前情境中（检票、行李托运、坐在静止不动的飞机里面）。治疗结束之后，所有被试者都要接受行为回避测验。行为回避测验结果和被试的报告都表明，虚拟现实暴露疗法和标准化真实场景暴露疗法都比较有效，并且在治疗之后的 6 个月及 12 个月的追踪研究中发现，该种治疗能够保持稳定的效果。

治愈社交恐惧症

利用虚拟现实技术将患有社交恐惧症的用户置于非常真实、尴尬的社交场合中，可以在高压下使社交恐惧症患者对社交活动所带来的紧张感逐渐降低，从而达到进入真实社会社交时也不会怯场的目的。英国一家公司将患者的图像从当前的环境中提取出来，再利用虚拟现实技术把患者再填到可能会产生社交恐惧的环境中。患者可以在一台大显示器或投影屏幕上看到自己在真实环境中的反应，但实际上却是一个人在对话，不会产生因为与真人对话的紧张感。通过这样的治疗方法，患者可以安全的姿态注意并改善自己的社交行为，可以反复地进行重试，直到能流畅地完成既定的社交任务。在之前的实验中，有治疗倾向的患者选择放弃躲避社交，采取了相对来说更危险的社交行为，当患者在这种虚拟的真实环境中习惯之后，练习中学习到的社交技能将可以直接应用于真实世界。

4.5.2 治疗心灵创伤

恐怖袭击后遗症

恐怖袭击创伤后应激障碍（post-traumatic stress disorder，PTSD）是经历或目睹恐怖袭击后发生的PTSD，对象更多是普通人群和救援工作者，初步的治疗结果是积极的。大多数研究与“9 · 11 恐怖袭击事件”相关，研究者对 PTSD 患者进行虚拟现实暴露疗法（virtual reality exposure therapy，VRET）治疗，完成后PTSD症状减少90%。实验中，将17名PTSD患者随机分为VRET组(n=9)与等待组（n=8），采用 PTSD 临床量表（clinician-administered PTSD scale，CAPS）进行评估，VRET 组在治疗后 CAPS 评分显著下降。在后续的一项随机对照试验中，参与者大部分是中年男性灾难工作者，治疗后与等待组相比，VRET 组的 CAPS 分数显著下降（$P < 0.01$）。另一恐怖袭击是发生在耶路撒冷的推土机袭击事件，研究者采用 VRET 治疗 1 名 PTSD 幸存者。治疗后患者的 CAPS 评分从 79 下降到 0，并且维持疗效 6 个月，治疗效果显著。

战后心理综合征

虚拟现实可以明显改善军人参战后的心理障碍问题，一般患有这种心理疾病的患者也并不愿意配合治疗，也不愿意再去回忆那些往事，这对于治疗本身来说难度比较大。另外，即便通过心理医生的诱导，仅仅通过回忆也很难准确描述出内心所想。而使用VR暴露疗法，在方式上有半强迫性的特点，只要得到患者的治疗允许，其将不得不面对更加真实的重现景象，这比通过医生的不断提示和诱导显然要有效得多。研究者通过VRET技术对一名患有PTSD的越战老兵进行干预治疗，患者先后暴露在虚拟环境——虚拟直升机和虚拟丛林中，结果此患者显示PTSD的临床医师评分和自我评分分别减低了34%和45%，并在随后的6个月中得到了稳定。这让我们第一次看到了运用VRET技术治疗PTSD疾病的可能，在随后的研究中再次对另外9名PTSD的患有PTSD的越战老兵进行VRET的干预治疗，在6个月后的PTSD症状评估中发现临床评分显著性的降低，这表明VRET为战争创伤后的PTSD患者带了希望。2010年，一项对21名PTSD越战老兵的研究得到了相似的结论，发现在治疗后的3～6个月的PTSD症状评分显著性降低。

直面交通事故现场恐惧

由于发生过交通事故的人对车祸产生了恐惧，所以让患者面对真实的交通事故或者诱导其驾驶都具有较高的风险，而利用虚拟现实技术则可以再现事故现场的实际画面，让患者安全地沉浸在真实的交通事故环境中，克服对车祸的恐惧。在治疗过程中，医生会与患者一同走进这个虚拟场景中，通过言语来诱导患者直视自己的恐惧，同时给予心理上的帮助和治疗。这种治疗形式无疑是十分安全的，而且患者的潜意识中会产生即便暴露在相对逼真的事故现场也并不会有人身危险的感觉，这对心理治疗来说有更好的效果。通过虚拟现实技术回到事故现场也可以让患者更加明确地描述自己的感受，比之前通过回忆来描述要更加准确，这对于医生发现患者问题所在也很有帮助。

4.5.3 消除精神障碍

纠正厌食症患者认知

厌食症也被称为神经性厌食，患者有意减少进食，最终导致无法进食，严重影响患者的身体营养水平和健康状况，长此以往可能会导致患者死亡。厌食症属于心理认知障碍的一种，也是心理疾病，应用虚拟现实技术治疗厌食症患者，主要是对患者产生厌食的心理进行分析，大多年轻女性患者病态地、错误地认为自己体形过于肥胖，无法接受自己的身材体形。这就需要纠正患者对自己身材体形及进食状态的认知。使用虚拟现实技术对各种患者进行人物模拟，不同人物体形不同，先让患者在观看虚拟人物的过程中对不同体形进行评估，然后对其人物进行任务要求。例如，让虚拟人物钻狭窄通道等，待人物全部钻过通道后，患者会认识到自己的体形评估有误。

治疗精神分裂症的新方式

治疗精神分裂症时，主要使用虚拟重建技术对患者出现的各种幻觉进行模拟，为患者呈现出这些幻觉画面，进而让患者认识到产生幻觉是疾病引起的。在虚拟情境中，患者先看到幻觉画面，然后情境调转，回归到正常场景，则患者认识到画面消失是幻觉到现实的转换，继而会忽略幻觉画面。这种治疗方法主要是让患者自己在情境体验中认识到自身行为认知的错误。在虚拟现实技术治疗精神分裂症的过程中还可以使用人工智能技术虚拟个体人物和患者对话，帮助患者不断克服自己的心理难关。

第五章

VR/AR 助力智能制造

智能制造是工业 4.0 的核心，工业 4.0 是以智能制造为主导的第四次工业革命。随着视觉革命对工业的影响不断增强，以可视化为象征的新工业革命高速发展，新概念、新技术不断涌现，这些新技术的出现也使得人们的思维方式逐步发生变化。工业制造方式正处在交替时期，目前正朝着设备智能化、过程协同化、人员专业化等方向发展。AR/VR 的运用，催生出了虚拟样机、虚拟制造、虚拟工厂及虚拟流水线等一系列引领未来工业发展的新技术，它们的应用极大地提高了工业自动化中信息的获取能力，让工业设备变得更加智慧的同时，也极大地解放了工作者的双手，使制造业进入智能制造的篇章。

5.1 数据驱动的虚拟样机

以美国波音飞机公司的波音 777 飞机为开篇案例，该飞机世界上首架以无图方式研发及制造的飞机。波音 777 型飞机上有 133500 种专门设计的零件，全机零件总数达 300 万件以上（包括紧固件），要使这么多的零件、组件、部件装配组合在一起，并保持相当高的精确度，是飞机制造业最令人头疼的工作。因此，在过去为了减少生产中出现不协调、不配合、干扰碰撞问题，几乎所有的厂家在正式生产之前都要先制造一台价格昂贵且费时费力的全尺寸的模型样机。但波音公司在研发 777 型机客机期间，采用了 2200 台图形工作站与 8 台主机相连，实现了全机 100% 的数字化设计。工程设计人员在工作站屏幕上，使用三维交互式设计软件 CATIA 系统，直接做出彩色立体的三维图形，远比手工绘制二维图纸精确得多，而且可以十分方便直观地修正或补充任何设计方案。我们将以该案例为基础，继续深入挖掘它的故事，让大家更全面地了解虚拟样机（图 5-1）。

图 5-1 数据驱动的波音 777 虚拟样机

资料来源：http://www.sohu.com/a/200202945_721246。

5.1.1 关键技术

虚拟样机

虚拟样机（virtual prototype，VP）是根据产品设计信息或概念描述产生的在功能、行为及感观（视觉、听觉、触觉等）特性方面与实际产品尽可能相似的可仿真的数字模型。将虚拟现实技术与样机概念相结合的虚拟样机技术成为满足用户个性化和多样化的需求、符合多种标准规范的约束及达到对于现代化产品的研制和开发日益增加的要求的有效技术手段。同时在缩短产品开发周期、降低产品成本等方面，虚拟样机也有着出色的表现，所以虚拟样机在产品设计和制造过程中发挥的作用日益强大。

虚拟样机技术

从 20 世纪 90 年代初传统虚拟样机技术概念的提出，到 1997 年下一代虚拟样机技术的产生，虚拟样机体系结构的发展经历了三大阶段：传统 VP 体系结构、CVP 体系结构及 NGVP 体系结构。虚拟样机技术（virtual prototyping，VP）是建立和应用虚拟样机的技术。它将先进的信息技术与系统设计、建模、分析、仿真、制造、测试及后勤保障相结合，以支持系统生命周期的开发过程。在概念内涵上，虚拟样机技术是一种新的设计理念、新的设计方法，是一种跨学科的综合技术，是虚拟现实、CAD、仿真、网络通信、分布计算、产品数据管理等多种技术的综合应用。

协同虚拟样机技术

随着并行工程的发展，虚拟样机也向着协同分布式发展，在这种情况下，协同虚拟样机技术（collaborative virtual prototyping，CVP）应运而生。协同虚拟样机技术是在分布式的环境下，多领域专家协同建立和应用虚拟样机的方法和技术。它是一种基于一体化产品和过程开发（IPPD）思想的新的设计／开发范例，其核心是图像处理工具（IPT）的实施，能够实现分布在不同地点、不同部门的 IPT 小组成员围绕逼真的虚拟样机从不同角度、不同需求出发，对虚拟样机进行测试、仿真和评价，从而改进和完善其设计，缩短产品的开发时间。

下一代虚拟样机技术

下一代虚拟样机技术（next generation virtual prototyping，NGVP）是针对大型复杂系统提出的一种新的虚拟样机体系结构概念和再设计过程。其目标是生成一个开放的、可扩展的、集成的、同步的多域产品模型，对不同层次的性能分析提供不同精确度的系统表示，并能将相关的产品数据同产品行为相结合，以提供产品性能评估和优化生命周期的产品成本。NGVP 技术着重于解决大型复杂系统的虚拟样机问题，它的研究与应用可为下一代基于仿真的采办

（SBA）奠定技术基础，是当前国际计算机仿真领域研究的热点。

5.1.2 虚拟样机的优势

创新设计过程和模式

传统的设计与制造主要通过周而复始设计－实验－设计的过程，产品才能达到要求的性能。而虚拟样机技术真正地实现了系统角度的产品优化，它基于并行工程，使产品在概念设计阶段就可以迅速地分析。这是一种全新的研发模式，在产品的概念设计阶段就可以迅速地分析、比较多种设计方案，确定影响性能的敏感参数，并通过可视化技术设计产品、预测产品在真实工况下的特征及所具有的响应，直至获得最优工作性能。洛克希德·马丁公司采用协同设计制造技术，应用了包括 90 项网络软件的系统，构筑出虚拟开发环境，使工程人员可以模拟在工装和零件实际制造之前的飞机设计和制造的各个环节。洛克希德·马丁的 JSF 小组能够调动位于 187 个地点的 80 多个供应商及 4 万多名工作人员为研发新型战斗机共同工作，而负责协同的部门仅仅只有 75 名成员。

提升创造效率和效益

采用虚拟样机设计方法有助于摆脱对物理样机的依赖。通过计算机技术建立产品的数字化模型，可以完成无数次物理样机无法进行的虚拟试验。产品的概念设计阶段就可以迅速地分析、比较多种设计方案，并能方便地改进和优化设计，节约时间和费用，实现高质量、快速、低成本的设计，而且使一次性开发成功成为可能。空客公司在 A380 机型研制过程中，数字样机技术被广泛应用于设计评审、产品设计、产品分析、虚拟现实、工艺和制造、数字工厂、客户展示、人机工程等环节，基本上消除了对实物样机的依赖，使得设计制造返工大大减少，实现了“研制周期比 A340 缩短 25%，成本减少 50%，利润增加 10%，乘员增加 50%”的目标，确保了 A380 的研制成功，产生了显著的效益。

实现并行工程和网络制造

通过虚拟样机，企业可以实现并行工程和网络制造。虚拟样机能够通过Internet方便传递和快速反馈设计信息，打破了单个企业的资源局限和地域局限性，提高了企业之间沟通的效率，适应了全球化高速发展客观要求。AIRBUS在A380机型的研制过程中，除了涉及Airbus在法国、英国、西班牙及德国4个国家的分支机构以外，还涉及10余家设计和制造合作伙伴、700余家各层级的供应商，A380机型中60%以上的零部件都是由这些合作伙伴和供应商企业设计制造的，除此之外，还包括数以万计的各类企业直接或非直接地为A380机型工作。所有这些企业分散在全球各个地方，在数字样机基础上协同地进行机型的研制工作，形成庞大而又十分复杂的供应网。

5.1.3 虚拟样机变革

单领域协同仿真

仿真技术是虚拟样机的关键技术之一。将协同设计与仿真技术应用于复杂产品开发领域，在产品设计阶段就可以对产品性能进行全面的分析，并进行优化设计。单领域仿真技术已经广泛应用于复杂产品的机械设计、控制系统设计和电子系统设计之中。例如，机械动力学仿真通常被人们用来研究机械系统的位移、速度、加速度与其所受力或力矩之间的关系，而多体动力学仿真则用来对由一系列的刚体（包括柔性体）通过对相互之间的运动进行约束的关节连接而成的机械系统进行仿真分析。由于其建模的精度高，已被广泛应用于汽车、铁路车辆、航空航天飞行器、机器人等复杂产品的机械设计中，其中汽车可操作性、乘坐舒适性仿真是多体动力学仿真的典型应用；在控制工程领域，仿真技术的应用更为广泛，特别是具有复杂控制功能的系统，如航天飞行器、汽车、飞机等，以及近些年广泛采用的车辆半主动、主动控制机构等。

多领域协同仿真与优化

复杂产品本身涉及机械、控制、液压等多个不同领域，要想对这些复杂产品进行完整、准确的协同设计与仿真分析，需要进行多领域协同仿真。在国外，福特公司已经成功地将整车多体动力学仿真和汽车姿态控制系统仿真集成，通过机械、控制（包含液压）的多领域协同仿真，进行保管库管理控制台系统的开发。福特公司利用该方法，使机械设计人员和控制系统设计人员能够更好地进行通信和协同工作，使控制系统优化设计在短短的一个星期内即可以完成，极大缩短了产品的开发时间。菲亚特研究中心将多领域协同仿真应用于一种新型摆式列车的半主动侧向悬架（semi-active lateral suspension，SALS）开发中，保证摆式列车在高速（大于每小时 150 千米）弯道行进时的乘坐舒适性。同被动式侧向悬架相比，半主动侧向悬架能够有效提高 37% 的侧向乘坐舒适。

设计与制造过程评估与再造

由于在减少研发费用、缩短研发时间、降低研发风险方面效果显著，所以 VP 在世界上已经得到了广泛关注和应用。无论是生产制造部门还是科研部门都将 VP 看作一种重要的技术手段。美国 Illinois 大学先进火箭仿真中心于 1997 年开始了一项为期 10 年的固体火箭发动机虚拟样机技术研究计划。其研究目标是建立固体火箭发动机 VP，并利用该 VP 来评估发动机设计方案的优劣。在美国国家航空航天局的“火星探路者”计划中，喷气推进实验室 JPL 的研究人员建立了“火星探路者”的 VP。利用该 VP，研究了火星风和制动火箭的对登陆舱的综合作用，并根据分析结果对设计方案做了相当大的改动。DigitalSpace 与 NASA 合作开发了舱外活动训练环境 SimEVA，建立了国际空间站虚拟样机。SimEVA 支持可视化的交互式操作，航天员可通过 SimEVA 模拟整个任务过程，并进行任务流程的优化。

5.2 打破时空的虚拟制造

5.2.1 “掠食者”

1997 年，位于美国威斯康星州的一个名叫“M&L 汽车专家”的公司（M&L

Auto Specialists，Inc），使用一种能产生汽车虚拟模型的计算机软件（EAI 软件公司的 VisFly 和 VisMockUp 软件）设计了一辆时速可达 200 英里，取名为“掠食者”（predator super car，PSC）的轿车，该车是世界上第一辆不用图纸和黏土模型设计的汽车。这种软件不但能模拟显示汽车的外观形状，还可以模拟汽车的内部构造及运作情况。“掠食者”在设计时先把整车分成若干部分，设计者逐个部分发现缺陷并进行修改，直到满意为止。然后进行组装，即使各个设计好的部分已经组装成为一辆完整的汽车，仍可以对其进行整体修改。同时，虚拟产品设计在造船等其他新产品开发方面也得到了成功的应用。

5.2.2 两大法宝

以假乱真的 VR/AR

虚拟制造中的仿真技术是虚拟制造技术的底层关键技术，同时也是构建虚拟加工平台的核心内容。20 世纪 80 年代后期，仿真在诸多方面都发生了十分重大的转变。例如，仿真研究的对象已由对连续系统转向离散事件系统；仿真已由重视实验转向重视建模与结果分析；由强调并重视与人工智能结合转向强调与图形技术和对象技术结合，使仿真的交互性大大增强。仿真技术在制造业中也得到了广泛的应用。奥迪公司多年来一直合作致力于安全性能的仿真模拟，例如，采用虚拟仿真技术来进行安全气囊的设计及碰撞试验的模拟，这样更加有效地支持了乘员安全标准的开发，确保消费者的安全。在奥迪 Q7 车头的碰撞试验中，电脑可以在 150 毫秒内计算出结果。这一时间比真车碰撞试验节省数千倍。在模拟碰撞过程中，超级计算机需要动用 8 个处理器，工作 22 小时，研发人员再以毫米为单位进行修正，修正后继续重复这一试验。

身临其境的 VR/AR

虚拟现实技术可以让使用者参与其中的事件，同时提供视、听、触等直观而又自然的实时感知，并使参与者沉浸于模拟环境中。福特汽车是最早将这一类虚拟现实技术用于汽车开发的公司之一。自 2000 年以来，福特就开始在汽车设计过程中以多种方式利用虚拟现实技术。其中最具代表性的就是 FIVE 沉浸式虚拟现实环境实验室，FIVE 实验室是一个虚拟汽车原型房间，其中有一辆汽车，一个 80 英寸的显示器和计算机平台，汽车只有一个座位和方向盘。使用者戴上 VR 眼镜和一只手套，遍布墙壁的 19 个运动跟踪摄像头会对其进行监测，以获得佩戴者头部的精确位置和方向。戴上眼镜后，用户可以加载车辆 CAD 模型，将它们置于不同的环境中，然后在汽车周围走动就好像自己身处陈列室一样。坐入测试平台后，用户可以体验汽车的内部情况，感觉完全像是坐在一辆真正的汽车中，其细节是逼真的。用户还可以把头伸到引擎盖里检查发动机，CAD 模型足够详细，包括了发动机的内部机制和车内装饰。

5.2.3 虚拟装配和虚拟维修

虚拟装配设计系统

在虚拟装配技术的研究过程中，针对不同的应用开发了多种虚拟装配原型系统。近几十年中，各国都在对虚拟装配系统进行研究：VADE 系统的研究始于 1995 年，是第一个具有代表性的虚拟装配系统，其目的是通过建立一个用于装配规划和评价的虚拟环境来验证产品装配过程中应用虚拟现实技术的可能性；UVAVU 是 1997 年由英国的 Heriot-Watt 大学开发了虚拟装配规划系统。基于当时力反馈设备及跟踪设备的局限性，采用接近捕捉和碰撞捕捉的精确定位方法；JIGPRO 系统是 1999 年美国 Wichita 州立大学开发了基于虚拟现实的产品装配及夹具设计系统，能够将 CAD 系统中设计的产品零部件和夹具模型、虚拟手模型及人体模型导入虚拟环境中，进行装配过程仿真，确保产品装配工夹具设计具有良好的装配性能与人机性能。除此之外，由希腊的 Patras 大学开发的虚拟装配工作单元、浙江大学 CAD&CG 国家重点实验室建立的多模态沉浸式虚拟装配系统（multi-modal immersive virtual assembly system，MIVAS）、清华大学开发的虚拟装配支持系统（virtual assembly support system，VASS），以及意大利 Bologna 大学基于 CAD 的装配规划与验证系统开发的个人活动助理系统（personal active assistant，PAA）也是较为常见的虚拟装配设计系统。

虚拟装配生产线

随着人们对VR认识的不断深入及行业逐渐走向成熟，更多的用户意识到自己需要的是专业级高度沉浸式VR应用环境，以及可满足协同任务要求的VR产品。因此，空间占用大、无法移动、价格昂贵、运维复杂的VR系统已不再是必然选择。取而代之的是空间布局灵活，可以实现多人协同，采购和运营成本低，同时又能实现高度沉浸效果的专业级虚拟装配生产线。这种生产线可以让使用者完成设计、制造、装配整个生产过程。例如，德国的BMW公司建立了Virtual Process Week体系，利用虚拟技术对汽车装配流程的合理性加以测试，该系统能够识别语言输入，完成相应的操作，当发生干涉碰撞时，能够发出声音警报。日本的N.Abe等开发了机械零件可装配性验证和装配机器可视化系统，支持设计者在虚拟环境中进行装配分析和性能评估，初学者在装配机器时可以进行系统的操作训练（图5–2）。作为美国军用飞机最大的制造商，洛克希德·马丁同样尝试了将AR技术应用到飞机制造过程中。其中采用AR平台加速了F–22和F–35的制造过程，AR平台实时提供视觉帮助，确保每个部分都能正确、快速的装配。

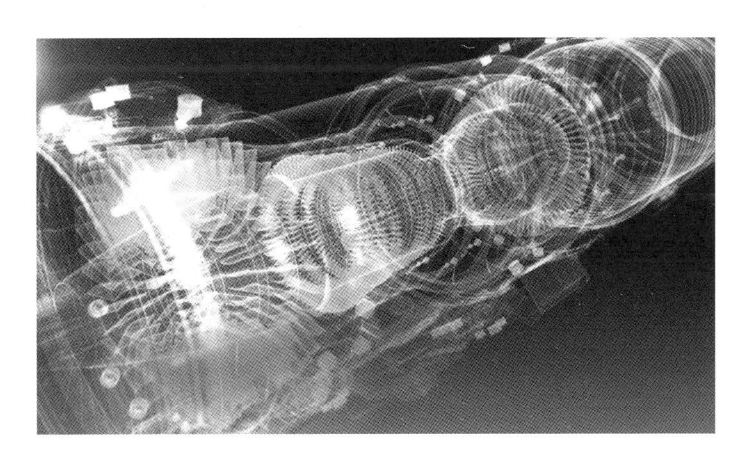

图5–2　发动机的可装配性验证和装配可视化

资料来源：http://www.sohu.com/a/200202945_721246。

维修手册的自动生成 SMG

在维修保障分析方面，20 世纪末，美国率先开始计算机辅助维修性技术的研究。美国空军阿姆斯特朗实验室，采用可视化技术和虚拟现实技术，对 DEPCH 项目进行维修过程和维修资源的确定，并将维修仿真结果写入技术文档，作为维修手册的一部分，减少了后续重复性的开发工作；美国 Wright Patterson 空军基地、General Electric 与 Lockheed Martin 公司共同发起“维修手册的自动生成 SMG”（service manual generation）项目，使维修手册的生成与维修性分析同步进行，利用 Jack 系统进行维修动作仿真，通过改进维修分析过程，高效地排除严重的产品设计缺陷。

虚拟维修系统分析与过程仿真

维修性分析是一项非常重要的维修性工作，它包含研制、生产、使用中涉及维修性的所有分析工作。传统的维修性设计分析技术，尤其是定性分析技术大多是采用手工方法进行的，不仅不能充分利用已有的设计资源，也不能实现设计资源的共享。所以工程人员提出了维修性可视化分析系统。西班牙纳瓦拉公立大学的 CEIT 开发了 LHIFAM 设备和 REVIMA 系统，用于对 EH200 和 TP400 等航空发动机拆装序列、路径及时间的分析，并取得良好的实时效果；1995 年，支持多个 F-16 项目的金属样机逐渐被 Lockheed Martin 公司淘汰，转行实施虚拟维修，在维修仿真上获得更为逼真、准确的分析效果，并使维修性分析趋于标准化，同时缓解了设计人员与维修工程人员的沟通障碍，节约了大量研发成本，该成果成功应用于 F-22 和 JSF 项目上，并在 JSF 项目中，结合 DELMIA 对发动机进行拆装和武器装填等过程的仿真。

虚拟维修训练系统

美国国家航空航天局（NASA）建立了哈勃望远镜的虚拟太空环境，在此环境下模拟维修活动训练，耗时 4 个月并取得很大成就，是虚拟维修研究以来第一次大规模的实际应用；2003 年，新加坡南洋理工大学（NTU）采用面向对象的思想，基于桌面虚拟环境，研究并开发了 V-REALISM 维修培训系统；

德国汉莎技术公司针对空中客车 A320 飞机，开发并研制了一套基于二维虚拟仪表的 320 飞机维修训练模拟系统，用来辅助维修训练使用；加拿大 Aviation lectronics 公司 CAE 为德国武装部队开发了 NH90 直升机用的虚拟维修训练系统，该系统包括训练所需的软件及课程；Andrea 对意大利航空航天中心的 CIRA 实验室所开发的面向维修培训的 VIR steperson 系统进行扩展，在沉浸式平台的基础上增加触觉感知接口，使受训人员在虚拟维修操作时，能够具有真实操作的手感，避免因为力度过大对精密仪器造成不必要的损伤。

5.2.4　并行工程

并行工程的技术支持

1988 年，美国国家防御分析研究所提出了并行工程（concurrent engineering，CE）的概念，即并行工程是集成地、并行地设计产品及其相关过程（包括制造过程和支持过程）的系统方法。这种方法要求产品开发人员在一开始就考虑产品整个生命周期中从概念形成到产品报废的所有因素，包括质量、成本、进度计划和用户要求。而 VR/AR 系统可以使设计人员等从不同角度对产品的设计方案进行讨论，虚拟产品模型为这些人员提供了直观的手段，利用这样的模型，非工作人员能迅速理解产品的设计方案，及时做出反应，并利用 VR 的实时交互性，快速反应到设计中，并迅速获得各地的反馈情况。这样做既经济又省时，因此，VR/AR 将成为实现并行工程的重要支撑技术。

缩短制造周期

并行工程在美国、德国、日本等一些国家中已得到广泛应用，其领域包括汽车、飞机、计算机、机械、电子等行业。并行工程的应用使得制造周期大大缩短。例如，波音公司在 767-X 新机型的开发过程中采用了“并行产品定义”的概念，大量运用仿真技术与虚拟现实技术，实现了无纸化生产，最终使得生产周期大大缩短；美国佛杰尼亚大学并行工程研究中心应用并行工程开发新型飞机，通过 VR 眼镜设备，使机翼的开发周期缩短了 60%（由以往的 18 个月减至 7 个月）；美国 HP 公司采用并行工程方法设计制造的 54600 型 100 MHz 波段示波器，在性能及价格上都优于亚洲最好的产品，研制周期却缩短了 1/3；美国洛克希德导弹与空间公司于 1992 年 10 月接受了美国国防部用于战区高空领域防御的新型号导弹开发计划，LMSC 采用并行工程的方法，最终将产品开发周期缩短 60%，完成了合同规定的目标。

并行工程降低制造复杂度

并行工程强调各部门的协调工作，通过建立各决策者之间的有效的信息交流与通信机制，综合考虑各相关因素的影响，使得后续环节中可能出现的问题在设计的早期阶段就被发现，并得到解决。这使得产品在设计阶段便具有良好的可制造性、可装配性、可维护性等方面的特性，可以最大限度地减少设计反复，大大降低了制造的复杂度。例如，德国西门子公司下属的公共通信网络集团在开发复杂电子系统的核心子系统过程中，采用了并行工程的方法，取得了显著的效果，在仿真阶段使用了虚拟现实技术，采用面向全周期的设计方法，共提出 320 份报告，发现并纠正了许多错误；波音公司在新型 767–X 飞机的开发中，全面应用 CAD/CAM 系统作为基本设计工具，使得设计人员能够在计算机上设计出所有的零件三维图形，并进行数字化预装配，获得早期的设计反馈，便于及时了解设计的完整性、可靠性、可维修性、可生产性和可操作性（图 5–3）。

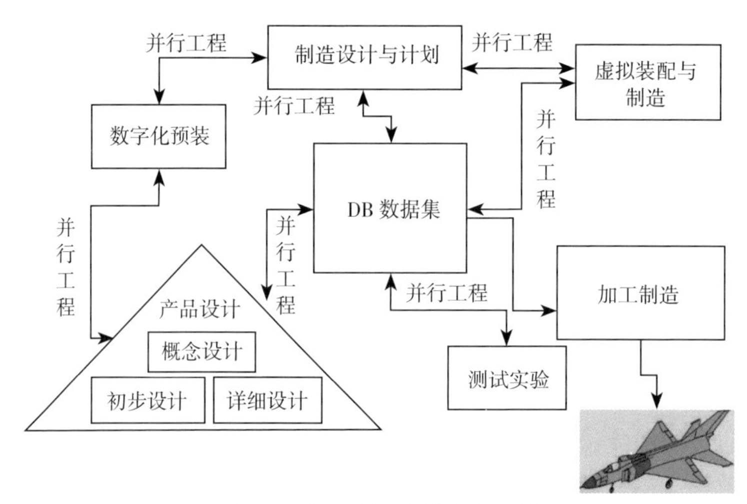

图 5–3　波音并行制造概念模型

5.2.5 云端制造

软件即服务

云端制造是一种面向服务的、高效低耗和基于知识的智能性网络化制造新模式。它融合现有的信息化制造、云计算、物联网、语义 Web、高性能计算等技术，通过对现有网络化制造与服务技术等进行延伸和变革，将各类制造资源虚拟化、服务化，并进行统一的、集中的智能化管理和经营，实现智能化、多方共赢、普适化和高效的共享和协同。其中，作为云端制造中最后一个阶段，软件即服务（software-as-a-service，SaaS）就显得尤为重要。成立于 2008 年互动多媒体平台 ThingLink 宣布将 SaaS 业务拓展到虚拟现实领域中，他们将专注于新的虚拟现实编辑器（VR Editor）。在原有技术基础上，用户还可在浏览器、台式机或移动端观看 360° 图像或视频时，添加交互式的注释。移动端版本现在拥有一个 VR 组件，可通过 Cardboard 观看。

应用服务提供商

传统模式的企业云端制造系统的实施方法，主要采用企业自行建设方式进行。这种方法中各个应用系统的调研、设计、开发和实施所需的周期较长，以对于资金、技术和人才力量较弱的广大中小企业，一方面无法承受高额的建设费用，另一方面没有足够的技术力量和专业人员。而应用服务提供商（application service provider，ASP）模式可以很好地克服这些缺点。ASP 是向企业用户提供因特网（internet）应用服务的服务机构。用户可以把自己所需要的因特网应用服务交给 ASP 组织，称为“托管”，用户只需要具有网络终端和与网络连接的线路，就可以从 ASP 那里得到自己所需的因特网应用的服务。

虚拟云资源池

云端制造系统架构包括设备、监控、执行和管理 4 层逻辑构造，从而可以实现纵向和横向的 7 种协同模式（图 5-4）。从制造资源的角度，云端制造数据表示可视为虚拟装配检验库。设计师每完成一个产品的设计后，就可以将设计结果放到企业的私有云上。企业如果有 100 种机器，但是一旦将它们的零件打散，那就将变成几万种零件，企业可以按照最终装配的过程和可拆卸维修的模块进行拆解，并将这些模块放入云端。对于企业的销售来说，在销售机床时，只需自己和客户佩戴VR眼镜等设备，就可以在这样一个“虚拟零件库”中任意挑选零部件，然后再进行组装，让客户来判断是否满足需求，从而完成销售。

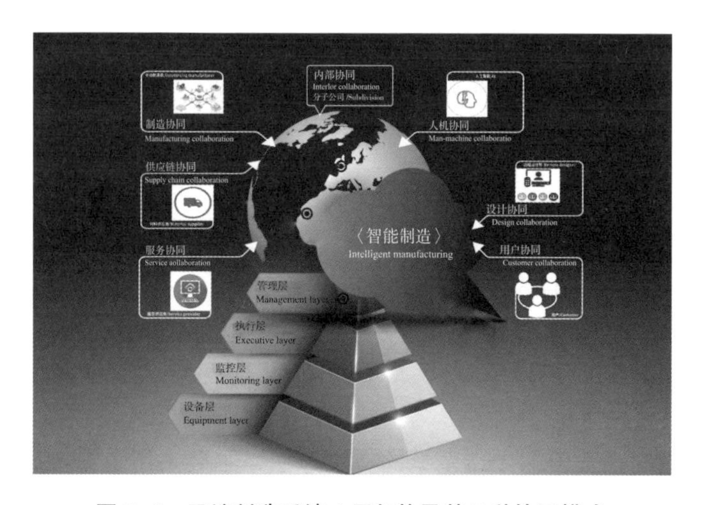

图 5-4　云端制造系统 4 层架构及其 7 种协同模式

资料来源：http://mt.sohu.com/it/?spm=smmt.mt-it.topnav.16.1545371305685nWr987p。

3 时区 24 小时工作制

在云端制造方面，日本的富士通公司制造了一个云端制造系统，这个系统为与其相连的各个企业提供了一个平台，是一个全球化的设计与制造中心。通过这个平台，可以实现全天24小时的生产工作，随时随地为满足客户需求，实现真正意义上的“永动”。这是由于不同地区存在着时差，即使在某一地区的企业处于休息中，另一个地区可能依然处于工作时间。同时，通过VR/AR技术可以使身处不同国家地区的部门之间实现无障碍交流，甚至可以随时随地了解各个地区的生产情况。富士通公司很好地利用了这个特点，创造性地提出了“3时区24小时工作制”这一概念，并将其用于云端制造，极大提升了生产效率，让制造业迎来了新的春天。

互联网 + 云技术 + 智能制造

虚拟制造技术的逐渐发展，催生出了“互联网 + 云技术 + 智能制造”的全新工业经济发展模式，这种模式是对现有网络化制造与服务技术进行的延伸和变革，是将制造资源和制造能力虚拟化、服务化，并统一管理经营，实现共享和协同的智慧服务。中国首个工业云平台——徐工工业云，融合了研发设计过程、生产制造过程、营销服务过程、供应链体系及产品运行过程等全生命周期进程；联想和 Wikitude 在加州圣克拉拉举行的 AWE 宣布推出 AR 云平台，这个平台叫 Augmented Human Cloud，主要是为工业提供 AR 内容。它将 Wikitude 的图像识别、无标记跟踪技术、远程视频、工作流内容编辑与创作相结合，以及联想 AR 的重点子公司 Lenovo New Vision 的深度学习识别应用。

5.3　焕然一新的虚拟工厂

5.3.1　工业 4.0 典范

西门子安贝格工厂作为德国智能工厂的典范，通过物联网技术，已经实现厂内 1000 个制造单元相互联动，互相配合。从 1989 年设厂至今，安贝格工厂保持占地 1 万平方米及 1200 多名员工不变的情况下，产能足足翻了 13 倍（图 5–5）。一方面，这是一个高度自动化的工厂。目前该工厂保持了 75% 的自动化水平，而这是 2000 年时安贝格就能达到的数据。另一方面，这里还保持着每一秒就生产一台控制设备的高速度，且产品的合格率高达 99.9989%。在生产之前，这些产品的使用目的就已预先确定，包括部件生产所需的全部信息，都已经存在于虚拟现实中，这些部件有自己的名称和地址，具备各自的身份信息，它们“知道”什么时候、哪条生产线或哪个工艺过程需要它们，通过这种方式，这些部件得以协商确定各自在数字化工厂中的运行路径。这些成绩的背后，正是数字化的力量。

图 5-5　西门子安贝格智慧工厂

资料来源：https://www.wang1314.com/doc/topic-15573036-1.html。

5.3.2　虚拟工厂规划

规划目标

传统的工厂规划存在若干问题，设计者一般在图纸上或运用 CAD 技术进行设计规划，由于各规划之间联系密切，关系复杂，所以经常出现矛盾。这就使得设计对于设计者来说变得十分困难。另外，由于大部分规划都还是静态的，而很多问题都是在工厂运作起来才会发现问题。所以，这就不可避免地存在一定的规划偏差。同时，如果设计人员将自己的构思绘制在图纸上，有可能会让人看起来不太明白，造成理解上的困难。虚拟工厂的建立目标就是为了解决目前在工厂规划上存在的这些问题，虚拟工厂的规划既可以解决设计人员在设计时所遇到的问题，又可以让其他人看起来更直观、更形象。而工厂规划是非常适合使用 AR 技术的，在工厂规划方面，可以将未来规划的设施摆放在当前厂房里，戴上 AR 智能眼镜的员工可以直接正确判断货箱的方位及自己的去向，直观地检查规划效果，灵活地做出修改。

虚拟工厂仿真管理规划

虚拟工厂在仿真管理之前，首先需要通过虚拟现实技术以3D立体的形式构建厂区厂房、车间、设备、人体模型等，按照1∶1的比例复原数字化工厂的整个生产环境和动态生产过程，并实时反映其生产流程和运行状态。然后在这个基础上，利用虚拟现实技术、数据可视化技术、物联网的技术和设备监控技术，将整个工厂的各种元素和过程以可视化的形式呈现在管理者的桌面上，结合同步数据管理系统，让管理者足不出户就可以监控、管理整个生产过程的每一个环节、每一个空间、每一台设备和每一个人，以加强信息管理和服务，提高生产和管理效率，从而构建一个高效、节能、绿色环保、环境舒适的人性化、3D可视化、现代化的工厂管理系统。

可视化技术进行布局优化

利用三维可视化仿真技术，通过对制造系统物理层仿真，可辅助制造系统进行布局优化及人机分析等。目前，国内外大企业特别是汽车生产企业都已经拥有此类先进的虚拟交互仿真软件。例如，德国大众车用3D虚拟立体空间影像技术设计新车，德国宝马拥有先进Powerwall汽车设计环境，国内泛亚汽车技术中心也建成了虚拟开发设施平台并成功投入使用。美国Geogia理工大学研究了制造系统仿真建模方法，并基于Quest和VirtualNC，对一条电子装配生产线建模。美国Illinois大学的工业虚拟现实研究所开展了工厂和工艺建模项目，开发了齿轮制造工厂原型。通过基于遗传算法的块布局和物流设计算法，可以辅助进行布局和物流规划的决策。

5.3.3　虚拟流水线

生产规则

生产规则用于描述实际工厂生产中所需要资源和制度，如生产要素、工艺流程、生产计划、车间布局等，是建立一条流水线不可或缺的因素。虚拟流水线的目的在于模拟现实中的流水线，所以生产规则制约并指导虚拟流水线的建立。得到虚拟和现实之间的对应关系，使生产规则能在虚拟流水线中得以体现。其中，生产要素是指那些具体的、能看得到的物体；工艺流程是指工业品生产中，从原料到制成成品各项工序的安排程序；生产计划决定了理论的生产节拍和生产产品的数量。虚拟流水线的建立需要遵循生产规则，但是仅仅遵循生产规则还不够，还要遵循逻辑规则。

逻辑规则

逻辑规则描述的是如何用三维模型构建虚拟流水线并使流水线运行的方法。构建流水线的方法可以概括为3个方面：模型对象、离散事件驱动、流水线的组织。这3个方面共同组成了虚拟流水线。在虚拟场景中，每个三维模型对应一个实际的物体，这些模型负责履行相应的职责，使虚拟流水线具有模拟实体流水线的功能。从面向对象的思维出发，可以认为虚拟场景中的每个模型对象都属于一个“对象类”。所有的“对象类”都有一个很重要的属性叫“节点类”。“节点类”派生于共同的基类，维护一些共同的属性。引入“节点类”的意义在于可以用它们组成场景图。场景图是一种高效的场景管理方式。

零部件身份识别

市场对制造业要求越来越高，对产品的生产周期要求是越来越短。而现有的条形码技术由于其本身的特性和应用的局限性已不能满足现代工厂的需要。而射频识别RFID（radio frequency identification，RFID）技术则可以让每一个零件都具有一个独特的身份，进而实现自动化识别。博世洪堡工厂，作为博世公司旗下智慧工厂的代表，其生产线上所有零件都有一个独特的射频识别码，能同沿途关卡自动对话。每经过一个生产环节，读卡器会自动读出相关信息，反馈到控制中心进行相应处理，从而提高整个生产效率。对于射频码的利用，传统化工巨头巴斯夫则在这方面更进一步。巴斯夫位于凯泽斯劳滕的试点智慧工厂所生产的洗发水和洗手液已经完全实现自动化。随着网上的测试订单的下达，其生产流水线上的空洗手液瓶贴着的射频识别标签会自动地与生产机器进行通信，告知后者它需要何种肥皂、香料、瓶盖颜色和标记。

虚拟装配检验 CAVE

对亨利·福特时代的汽车工业而言，快速高效地将不同零件拼成一辆车，是流水线工人的最终目标。而奥迪推出了一项虚拟装配线校检技术，利用 3D 投射和手势控制，可以使流水线工人在三维虚拟空间内完成对实际产品装配工作的预估和校准。这项技术目前在游戏业已广泛普及。整个测试过程是在俗称 CAVE 的虚拟现实空间中完成的，而 CAVE 系统最关键的则是利用投影仪向地板、墙壁投射 3D 影像的装置，使用者佩戴 3D 眼镜进入后，便可有身临其境的感觉。这项技术尚处于开发阶段，主要利用游戏控制器来虚拟各个元素。

5.3.4　虚拟制造的变革

以设计为中心的虚拟制造

以设计为中心的虚拟制造是将制造信息加入到产品设计与工艺设计过程中，并在计算机中进行制造，仿真多种制造方案和产生许多“软”的模型，为设计者提供一个设计产品和评估产品可制造性的环境。汽车行业中虚拟设计的应用较广泛，世界知名的汽车企业如美国通用公司、福特公司，德国宝马公司等都建立了虚拟现实设计中心。在虚拟设计环境中，设计人员利用头盔显示器、具有触觉反馈功能的数据手套、操纵杆、三维位置跟踪器等装置进行设计交互，将视觉、听觉、触觉与虚拟概念产品模型相连，不仅可以实时地对整个虚拟产品设计过程进行检查、评估，而且还可以进行虚拟的合作，甚至通过网络实现异地协作，解决设计中的决策问题，使设计思想得到综合。

以生产为中心的虚拟制造

以生产为中心的虚拟制造是将仿真能力加入到生产过程模型中，其目的是方便和快捷地评价多种加工过程，检验新工艺流程的可信度、产品的生产效率、资源的需求状况（包括购置新设备、征询盟友等），从而优化制造环境的配置和生产的供给计划。Michigan 大学的 VR 实验室采用沉浸式虚拟现实对一艘 PD337 海军运输船的生产过程进行了模拟；德国 Paperboard 大学对虚拟企业中自动加工过程的构成进行了研究；英国 Bath 大学用 OpenIventor 2.0 软件工具开发出了基于自己的 Svlis 建模软件的虚拟制造系统；在日本，已形成了以大阪大学为中心的研究开发力量，主要进行虚拟制造系统建模和仿真技术的研究，并开发出虚拟工厂的构造环境 Virtual-works；德国 Cadform 公司和英国 Cosworth 工程公司在发动机的制造中应用了虚拟装配；上海汽车齿轮总厂在变速器总成及换挡机构的制造应用了虚拟装配。

虚拟制造系统训练

VR/AR 的应用，使制造商能够深入了解设备状况、产品模型及其他方面的信息，改善运营和工艺过程效率，提高产品质量，并缩短上市时间。这些技术利用传感器、相机、智能设备和可穿戴设备及其他工业物联网（IIoT）工具，让培训变得更加容易，因为工人可以在机器前面获得视觉和实践经验，从而更有效地改善装配和维护。例如，在飞机装配中，通过 AR 设备显示出的零部件图像，可包括规格、螺栓、电缆和零件编号等信息，工程师只需遵循操作指导，即可准确组装复杂的重型机械。在飞机制造培训设施中，这项技术使工程师能够将生产率提高 30%。通过 VR 和 AR 技术，有助于制造企业提高培训能力、增加工厂可见性和故障排除能力。同时，在设计、装配、质量和安全等方面也可以获得提升。

5.4 伸缩自如的虚拟供应链

5.4.1 概念

虚拟供应链的概念起源于 1996 年 R.Kalakota 和 A.B.Whinston 写的一篇关于电子商务的文章，在文章中他们论述了 IT、虚拟企业及供应链两两之间的联系。“虚拟供应链”一词真正走进大众视野是在 1998 年，由英国 Sunderland 大学专家在进行一项名为“Supply Point”的研究项目时提出的。该项目开发了一个使客户能够直接从中小企业组成的供应链虚拟联盟中订货的电子订货系统。

他们将这个系统命名为虚拟供应链。虚拟供应链是指合作企业通过互联网，由专门、中立的技术支持中心提供技术支持和服务而组建的动态供应链。在虚拟供应链中 VR 和 AR 技术得到了广泛应用，VR 和 AR 技术几乎渗透到了虚拟供应链中货物的运输、仓储、包装、搬运装卸、流通加工、配送等各个方面。通过实现供应链可视化可以有效提高整条供应链的透明度和可控性，从而大大降低供应链风险。

5.4.2 特征

高度共享的虚拟供应链

虚拟供应链管理是指企业通过一定的协议与供应链成员企业共享自身的库存或从外部得到其他成员企业共享的库存资源，进而达到优化库存配置、盘活上下游库存资源，实现企业降本增效的目的。在虚拟供应链管理中，联盟中的协调中心存储控制的都是各个零售商企业的持有货物信息、物流企业的运输信息，并没有实体库存，或者仅留有极少部分高价值库存。其对库存的配置调节与调拨是通过上下游实体库存来实现的。基于库存分销网络的信息共享有利于最大限度地配置生产资源、库存资源及销售订单，完成联盟的运营目标。

头脑风暴会议

以往企业间互相分享各自的信息可能需要坐在电脑前，通过屏幕来查看其他企业的相关信息，甚至可能还需要在会议室内进行沟通。现在 AR 技术让企业间的这种信息共享变得方便快捷。例如，Spatial 推出的增强现实的软件实现了 AR 全息眼镜工作。带上全息眼镜就可以转换为可以交互的化身，并且实时进行传输。该公司希望通过提供实时协作的增强现实体验，让传统的视频会议变得过时，通过 3D 虚拟形象将会议提升到新的水平。使用增强现实的 AR 设备，如微软 Hololens 或 Magic Leap One，就可以随时随地进入虚拟无限工作空间。福特正在使用 Spatial 进行自动驾驶汽车的内部会议，创意 Ideo 用 Spatial 进行头脑风暴会议，使用 Spatial 为客户显示 PPT、图表甚至三维的图像。

远程管控的虚拟供应链

通常状况下，技术人员或者管理人员并不会一直留在生产线上，这导致管理团队与本应由他们监督的工人和生产脱离开来。借助虚拟现实，无论是身处何方，公司领导层都可以实时传送至生产第一线并密切关注最新情况。通过AR 眼镜，管理者可以随时掌握生产线情况，一旦出现问题，也可以通过该设备进行远程协助。AR 眼镜主要产品包括微软的 HoloLens 和 RealWear 公司的 HMT-1Z1 产品。壳牌公司与 RealWear 合作推出了一款语音控制头戴式设备，可以在高度受限制的区域使用，如存在爆炸性气体的石油行业。石油专业人员可以使用该产品进行远程协助，包括通过视频呼叫获得实时帮助等，电话另一端的专家通过现场工作人员的眼睛看出问题并提供协助。

人工智能的虚拟供应链

机器人作为人类终端工作形态的增强版，工作人员可以舒适地坐在办公室中，通过 AR 眼镜来看到仓库中机器人们所看到的场景。AR 眼镜现在能够标记出机器人在仓库中的道路，然后用强大的机械臂来移动笨重的货物。一些危险且重复性的工作，如装载货物，可以在人类的指导下让机器人来操作，而且能够达到最高的装载效率。除此之外，物流机器人能够扫描每个产品的损耗情况、检查重量及遵守所有的包装运送指令。通过将机器人和管理人员相连接，用户可以自动在运货卡车还没有离开仓库的时候就收到缺货的提示。

5.4.3 VR/AR 供应链

ID 与面部识别

当确保包裹交付给特定人员尤为重要时，现有方法是验证身份并收集签名。通过与客户的合作和批准，VR 可以使安全交付和身份验证更加容易。客户照片可以扫描并存储在公司的数据库中。然后，在交付时，可以使用 VR 和面部识别技术将客户的脸部与数据库中的图片进行匹配。因此，很容易确保收件人是预定收货的人。这是图片 ID 或签名的更安全的替代方法，因为两者都可以轻易伪造。目前，面部识别技术已经发展到较高的技术水平，阿里旗下的物流品牌已经将面部识别技术应用到快递取件当中，国内所有带摄像头的菜鸟驿站智能快递都支持刷脸取快递的功能。取件人在完成认证和授权的过程后，就可以用自己的脸来完成取件验证过程，不再需要取件码或是手机的帮助。

可交互数字模型

仓库不再只是存放和集散的节点，它们逐渐地肩负起越来越多的增值服务，从产品的组装到贴标签、重新打包，乃至产品维修。这意味着仓库必须重新设计以适应上述这些新服务的需求。可以用 AR 从全局角度直观地看到任何重新规划的效果，实现在现有的真实仓库环境中放置将来准备改动的可交互数字模型。管理者可以检查所规划的改动尺寸是否合适，并为新的工作流程建立模型。受益于此，未来的仓库实地可以用作仓库运作规划的试验场所。

与 WMS 无缝整合

仓储管理系统（warehouse management system，WMS）正在成为企业管理者有效整合供应链上下游和企业生产制造过程的重要信息化管理工具，是企业从粗放型管理走向集约管理的转型升级标志。很多企业都在尝试将 WMS 整合到虚拟供应链中，如 Knapp、SAP 和 Ubimax 共同研发的视觉拣货系统正处于最后的现场测试阶段，该系统包括头戴式显示器（HMD）之类的移动 AR 装置、相机、可穿戴 PC，以及续航至少为一班次时长的电池模块。其视觉拣货软件功能包括实时物体识别、条形码读取、室内导航及与 WMS 的无缝信息整合。

视觉拣货系统

与传统的仓储拣选需要手持设备进行扫描的过程相比，视觉拣货带来的最大好处是，仓库工在人工拣货时无须腾出手来即可获得直观的数字信息支持；同时，还可以降低出错率，通过 VA 眼镜进行无纸化作业，拣选人员无须自己寻找货物的各种信息，智能眼镜的系统自动分析货物信息，降低了拣选人的识别差错。DHL 员工正在使用 AR 来使订单拣选过程更快，并且不易出错（图 5–6）。通过使用智能眼镜，员工在选择订单时可以准确地看到物品应放在购物车上的位置。除此之外，AR 可以实现更加高效的分拣，可穿戴 AR 设备利用扫描仪和 3D 景深传感器的组合，就能确定货盘或包裹的数量（通过扫描每个包裹上的特殊标识）或确定包裹的体积（通过测量设备）。此类 AR 系统还可以扫描物品，检测是否有损坏或错误。

图 5-6 DHL 公司用 AR 技术进行物件分拣

资料来源：http://www.sohu.com/a/113507667_273442。

VR 交付过程

亚马逊等大型零售商和其他分销商通常在全国各地都有生产设施、配送中心和仓库。许多企业甚至在海外有这些设施。在任何时候，经理可能都不在现场。尽管如此，他们仍然需要承担最重要的责任。通过使用任意数量的虚拟现实或增强现实工具，这些管理人员可以随时实时查看任何网站，以确保流程按计划运行。当自然灾害和其他问题导致供应链中断，关键人员无法到达现场时，这一点尤为重要。送货司机的任务是确保产品及时到达商店、办公室、家庭和配送中心，而不会对产品造成损害。送货交付的流程中包括手动检查货物及使用导航系统，如果有需要控制温度的货物，事情将会变得更加复杂。这些解决方案通常耗时且分散注意力。后者更是增加了发生事故的概率。

5.5 时空压缩的虚拟物流

5.5.1 增强现实简化物流

虚拟配送团队

从整个物流成本来看，往往用于客户交付的路途成本所占的比例是偏大的。而 AR 技术可以帮助物流公司将路途时间减少近一半来节省此项开支。根据 DHL 的数据报告，以往驾驶员在他们自己的卡车里经常需要花费大量时间来寻找正确的货物箱子，然后才能发货。而 AR 技术并不需要他们记住卡车是如何进行装载的，而是可以被用来进行识别、标记、排序和定位每个包裹。结合人工智能，AR 眼镜还可以导航到更适当的位置进行交付。数据显示，每天有高达 10 万辆的 UPS 专属配送车在全球范围内为用户服务。如何能够提供安全、有效、便捷的配送一直都是 UPS 最关注的方面。这次与 HTC Vive 合作，UPS 还专门组织了一个虚拟现实团队为 Vive 的硬件配套软件内容。配送员会通过 Vive 头设体验到与现实生活一样的驾驶环境，而且 UPS 提供的软件还提供各种可能在现实生活中会遇到的驾驶问题，让配送员在能够更好地熟悉各种路况和突发情况的同时保证自身和其他人的安全。

增强现实量方技术

在传统方式中，邮寄一份大件快递，先测量货物体积，再核算运送价格。所以快递员都是随身携带一把卷尺，通过测量货物的长、宽、高，然后手动计算，手动录入系统，即使是熟练的快递操作员也需要大约 28 秒。不过，这一情况近来得到了改善。德邦快递引入了一项新技术，让德邦快递员的开单时间缩短了将近一半。这项技术名为 AR 量方技术，简单来说，就是利用最新的 AR 技术，自动测量物品的体积，并自动录入系统，全程只需德邦快递员拍张照片即可，大大简化了快递的称量和计费环节。所有物体无论形状、大小，都可以运用 AR 量方技术进行测量。其中，矩形货物可以自动识别 6 个顶点进行框选，非规则货物尚需要手动点击顶点才能测量。

增强现实取货位置引导

据估计，仓库运作占所有物流成本的20%左右，而从货架上取货的过程则占仓库成本的65%。在大多数仓库中，工作人员仍然只能通过查阅物品清单来进行搜索，这种方法不仅速度慢而且容易出错。物流巨头DHL及越来越多的公司正在使用AR来提高取货过程的效率和准确性。AR可以将工人指引到每个产品的位置，并规划到下一个产品的最佳路线。在DHL，这种方法引导之下错误的发生率大大降低，且生产力提高了25%。该公司正在全球范围内推行AR指引的货物拣选，并测试AR如何增强仓库中各项操作，如优化货物和机器在仓库中的布局。英特尔还在仓库中使用AR，只需原来29%的拣选时间，而错误率几乎降至零。使用AR应用程序的英特尔新员工可以比只进行传统培训的员工拣选速度快15%。

5.5.2 崭新的物流模式

无缝点对点物流

采用的无缝点对点的物流系统使产品从工厂到商店的货架，达到一种非常顺畅的连接。在供应链中，每一个供应者都是这个链当中的一个环节。运输、配送及对于订单与购买的处理等所有过程，都是一个完整网络当中的一部分，这样大大降低了物流成本。在这个过程中，AR发挥了重要的作用。在运输和配送过程中，VR设备可以随时提供最新的路况及最优路线。在购买过程中，顾客也可以使用VR设备足不出户进行选购。沃尔玛之所以成功，很大程度上是因为它至少提前10年（较竞争对手）将尖端科技和物流系统进行了巧妙搭配（图5−7）。早在20世纪70年代，沃尔玛就开始使用计算机进行管理，建立了物流的管理信息系统，负责处理系统报表，加快了运作速度。同时。沃尔玛也是全球第一个实现集团内部24小时计算机物流网络化监控，使采购库存、订货、配送和销售一体化的企业。

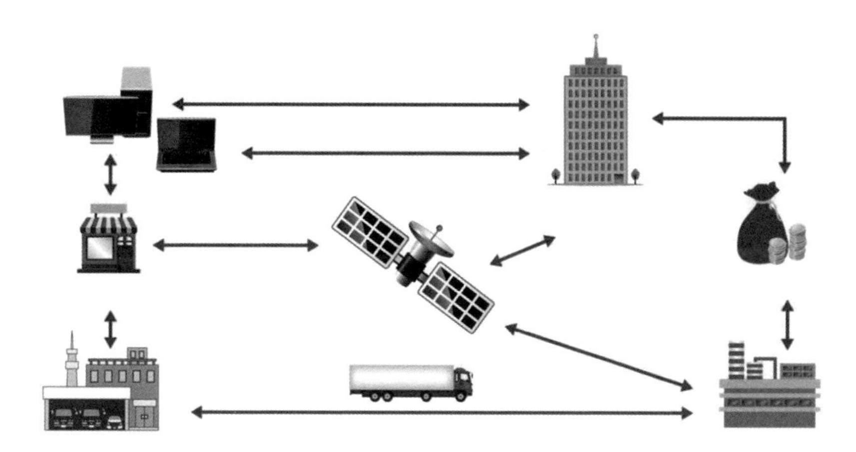

图 5-7　沃尔玛早于竞争对手 10 年将尖端科技和物流系统无缝点对点对接

资料来源：http://www.sohu.com/a/143320357_119548。

区块链账本

区块链所基于的分布式账本技术和 AR 结合之后，可以给采购流程带来透明度和可追踪性。当用户无法确认一件产品的来源或者真假时，整个供应链就会分崩离析。每年数十亿美元价值的假药都会分销给患者，导致数万人的死亡。使用 AR 来识别和追踪每一单从生产者到终端用户的运输，有助于解决这个致命的问题。在区块链上记录每一笔所有权的更换也能够帮助追踪，如一条鱼的来源，或者小麦产品的来源。例如，英国航空公司测试了区块链技术，以维护一个统一的航班信息数据库，用来识别出现在大门、机场监视器、航空公司网站和客户应用程序中的相互冲突的航班信息。

无仓储模式

戴尔工厂本身是没有仓库的，但戴尔工厂的配套厂商都有自己的仓库。戴尔在网上或者电话里接到订单后就会对订单进行整合，对既有的原材料进行分拣，需要什么原材料就下单给供应商，所有库存都是供应商的。但是经常会出现同时收到很多订单的情况，所以就需要首先在生产线上将这些原材料进行分拣，然后再进行组装。但是传统的人工分拣需要对员工进行培训，不仅效率低下，而且在实际工作中出错率也较高。随着 AR 技术的逐渐发展，AR 眼镜或头显已经可以帮助工人识别组装线上物品的条件，以及拣选物品的时间顺序。在识别产品时，AR 还可以让技术人员立即访问到具体的操作说明和指南。而在进行操作时，工作人员可以通过 AR 系统播放教程视频。增强现实技术可以用于指导产品组装，让技术人员无须经过专门培训或书面教学指示来制造产品。因为 AR 还能显示出所需的零部件，所以技术人员可以根据形状和编号来快速辨别自己手上的是不是正确的零部件。

5G 时代的模式创新

随着 5G 时代的到来，原来在产业供应链条中可能存在的近零成本、更高效率及从非标准化接口向标准化接口演化的“隐性知识”节点将被引发，且随之进化，成为撬动全社会产业构架变革的重要支撑，也使得各行业各区域要素禀赋可以跨功能、跨时空、跨逻辑地实现资源配置优化；换句话说，从智能到智慧将成为 5G 时代的一个重要标志。5G 也将引领第四代智慧物流，第四代智慧物流是将并行的同构／异构供应链间进行跨链要素禀赋资源配置优化（图 5–8）。而传统单一供应链研究的是上下游之间不同经营主体的利益博弈及共赢，是如何缩短投入到产出之间的投资周期。并行智慧供应链则重点研究如何充分寻找整个供应链中的闲置资源或资源池，如何实现产出在投入之前的“无本万利”的问题。

图 5–8　5G 时代的供应链创新

资料来源：http://m.sinotf.com/News/index/id/211542.html。

第六章

VR/AR 教育：从传统到智能的变革

VR/AR 技术与教育的结合，打破了传统教育中人、知识、环境之间的交互边界，实现教师和学生、知识和环境一体化，不仅带来了智慧教育一场视觉革命，更是实现从学习知识到体验知识的学习方式的变革。VR/AR 可以将屏幕中呆板的教学内容转变为生动的三维全景，为学生提供生动、立体逼真的学习材料，拓展教学资源，打破了传统教学中的知识来源单一的边界，并且通过学生与虚拟环境的交互，实现定制化的教育，推动教学向更广、更高、更深层次的发展。而虚拟实验室的建立可以达到与传统实验室相同的效果，甚至相对传统实验室来说，虚拟实验室具有安全、低成本的优势，更是突破了传统实验室的束缚。国内外已有不少教育及相关研究机构在实践和探索基于虚拟现实技术的教学，这些研究都揭示了虚拟现实技术在促进学生学习上有巨大优势。

6.1 VR/AR 改变教学边界：未来模式

6.1.1 沉浸式的视觉盛宴

情景化虚拟

营造的虚拟学习环境（virtual learning environments，VLEs）是虚拟现实

系统的核心内容。VR 技术可实施“VR+ 沉浸体验式学习模式”构建学习情境。这与构建主义的提出者皮亚杰“知识是情境化的，通过具体情境所提供的直观的、生动的形象能有效地激发联想。并且，创设真实或接近于真实的具有丰富资源的学习情境，是情境学习的前提也是重点”的观点不谋而合。因此，虚拟现实的出现为教学情境的开发提供了新的平台。谷歌发布的 Expedition 是专为教学使用构建的一个 VR 教育平台。通过使用 Google Cardboard 虚拟现实眼镜盒中的 Expeditions Pioneer 程序，就能虚拟出历史遗址、博物馆等情景。

探索性世界

探究性的学习情境是基于现实性问题设计的学习项目，学习者需要通过假设检验、分析对比、判断决策等思维活动才能理解其中的运行规则和机制，从而完成项目。对于课堂学习情境而言，虚拟现实十分便于创设探索性世界。它是一个多用户的探索性的虚拟情境，包含复杂的自然与社会系统，涉及多个学科领域，学习者可以在其中形成假设性主张，并进行虚拟实验和社会互动来检验和论证自己的主张。哈佛大学教育学院开发的虚拟小镇江城（river city）多用户游戏化的探究性课程，为学习者创设了进行科学探究和实验的虚拟现实情境。学习者以团队合作的方式探索和学习，在这一过程中，学习者形成了关于问题产生的原因的假设，并可以在虚拟情境中进行实验来验证其假设。

游戏化情景

动力和参与度是游戏式学习的关键因素，AR 技术通过对游戏物体及游戏场景进行建模仿真，然后再投射到现实场景中，让很多抽象的概念变得有趣、直观、清晰。并且与游戏相结合的 AR 教育模式通过给予学生视觉和动觉体验，增加学生学习过程的趣味性，从而大大增加学生的动力与参与度，提高学生的学习能力。Fantamstick 推出“数学忍者”（Math Ninja AR）的应用程序将枯燥的数学计算融入生动有趣的 AR 游戏中，使孩子们通过不断地在游戏中计算数学题，并不断地得到奖励，大大地提高了学生的学习兴趣和学习效率。因此，这种以教育为主、AR 游戏为辅的学习方式，可以真正实现让学生去主动接受新知识，增加记忆性及兴趣性，体验学习的快乐，对学习不再抗拒，真正实现寓教于乐（图 6–1）。

图 6–1　“数学忍者”将枯燥的数学计算融入生动有趣的 AR 游戏中

资料来源：https://www.jianshu.com/p/fe84bc33fc5f。

3D 动态模拟

3D 动态模拟技术可以将实体数字化、可视化，真实地模拟出各种学习环境。通过建立一个虚拟的世界，在这个虚拟的三维世界中按照要表现的对象的形状、尺寸建立模型及场景，再根据要求设定模型的运动轨迹、虚拟摄影机的运动和其他参数，最后按要求为模型赋上特定的材质，并打上灯光，真实地模拟出各种动态情景，帮助学生理解教学过程中难以理解的知识，提高学生学习兴趣。例如，“宇宙大爆炸传奇”（big bang legends）将元素周期表上的元素以有趣的 3D 立体动画形象呈现，将枯燥抽象的物理知识以生动有趣的游戏形式呈现给学生，增加了学生对抽象物理知识的理解。虚拟现实与增强现实将教育与游戏相结合，生成动态教学情景，提高学生主动学习的兴趣，主动式的学习也大大增加了学生的学习效率。

情景供应

知识应用受制于其初始的获得情境，从单一情境中获得的知识，往往难以运用到其他不同的情境中。虚拟现实的情景供应（scenario supply，SS）在注重情境真实性的同时，也能够为学习活动提供“丰富的情境供应”，而且这些情境尽可能体现学习者在真实生活中会遇到的典型任务，将真实的学习情境与虚拟学习情境相混合，让学习者通过与情境的交互而主动识别问题所在，进而产生认知冲突，这些都有利于促进学生学习的迁移。联想发布的虚拟现实课堂套包中的 Mirage Solo 头戴式 VR 设备，集成了 700 个 VR 实地场景，为学生建立了一个多模态的交互课堂，给予学生多种感官体验，实现与知识的深度交互，令学生无须离开课堂，便可以通过 Mirage Solo 体验外面世界的丰富多彩，从而强化学习体验，加深对知识点的理解。

6.1.2 个性化交互式的教学

智慧教室

智慧教室（smart class，SC）是新一代信息技术与教育教学深度融合的产物，它是一种能感知学习情境，识别学习者特征，提供合适的学习资源与便利的互动工具，自动记录教学过程和测评学习成果，以促进学习者有效学习的活动空间。在基于大数据的基础上，通过利用 VR 技术，实现人与教学环境、人与人的实时、自然地交互及多方式呈现教学内容，并在大数据技术的基础上，聚合学习过程和教学管理数据，开展学情分析和学习诊断，精准评估教学效果，提供个性化学习服务。这种模式将增强学生沉浸式学习体验和个性化的教学体验，提高自主学习效率，实现师生受益的双赢。美国斯坦福大学的 HoidnSabine 对智能教室中的教与学进行了研究。研究发现智能教室不仅在教学者职业能力方面有提高，而且对学生在技术、学习、社会与多元认知技能方面也有提高。

学生情绪识别

虚拟现实课堂的面部表情识别技术可对课堂教学视频中的人脸关键点进行

检测和定位，基于深度卷积神经网络提取人脸图像情感特征进行表情识别。而语音情绪识别技术则是通过对语音特征的计算分析进而进行情绪识别（emotion recognition，RE）。结合教学方法论对课堂的表情数据进行深度分析，可以帮助老师深入了解学生的课堂动态情绪变化及心理特征，及时调整教学内容和教学进度，同时让老师能够有针对性地进行教学指导，为学生带来更好的学习体验。EduBrain 教学分析系统通过应用情感计算、身份特征识别及人体行为识别等人工智能技术，可以对课堂中学生的情绪变化、发言互动和课堂行为等数据进行全自动分析，并生成一份可视化数据报告，帮助老师获得更全面的教学反馈，从而及时调整授课进度和教学方式，提升教学水平。

学生行为数据分析

学生通过在课堂上佩戴相关的虚拟现实设备进入已设计好的虚拟情景，在该情景中操作学习对象完成规定的挑战任务。当学生与虚拟情景进行互动时，课堂虚拟体验区的数据收集设备对虚拟现实场景改变数据进行采集。学生根据要求互动完毕后退出虚拟情景，数据收集设备也会将虚拟现实场景改变数据传至数据分析软件，进行学生行为数据分析（student behavior data analysis，SBDA），确认学生认知获取情况，同时上传课堂后台数据库，并在课后教学中实时展现出来，以评估每个学生在课堂上的掌握知识的情况，为以后进行针对性的个性化教育打下基础。例如，Visa、BMW、美国银行、Google、美国广播公司等公司采用的 STRIVR 技术可以将学员置于实际环境中，并测试他们在处理不同情景的能力，及时地评估他们的技能水平，并针对评估结果对学生进行针对性的指导。

AR 智能课桌

AR 增强型智能课桌由显示器和交互台组成。其中，交互台主要用于操作识别卡牌、控制和操作虚拟场景，显示器则将实训内容进行 3D 图像化展现，可支持多人同时操作。增强型智能课桌（enhanced intelligent desk，EID）是一次教育模式革新，其提供的崭新实验教学体验解决了学生没有机会人人动手操作的问题。科大讯飞推出的AR智能课桌可以将课程内容通过多个二维码控制器进行3D化展现，以堆积木的形式让教具、实训环境、实验课题3D模块化并实现内容交互。借助增强现实及虚拟现实技术，将图书或黑板上的平面内容，以及磁场、原子等肉眼不可见的内容置于课桌上，并进行交互，有助于提升认知和理解。

嵌入式阅读

具身认知从人的身体与外部环境出发，认为认知来源于身体接受外界刺激而产生的具身体验。AR图书有别于传统图书之处便在于利用AR技术的特性为读者创设了一个虚拟现实交融的嵌入式阅读（embedded reading，ER）的环境，使读者能够在其中充分调动身体元素（感官系统、运动系统）参与书本内容的认知体验。AR技术在纸质图书的基础上，将图书的阅读环境作为现实条件，将纸质图书中的识别标志与移动设备中的摄像扫描对应起来，实现一些虚拟化数据信息，如图片、音频、视频等的有效叠加和显示，实现静态课本内容到三维动态视景的转变。它所展示的虚拟内容延伸了人们的视听体验，对虚拟内容的操作帮助人通过动作内化形成认知，有利于读者形成具身认知。例如，JK · 罗琳和索尼共同推出了AR增强现实书籍《咒语之书》可以给玩家带来增强现实的体验，玩家可以拿PlayStation Move魔杖互动，为读者提供了一种可以交互的阅读环境。

6.1.3 跨时空自然交流

沉浸感虚拟教室

虚拟教室（virtual classroom，VC）利用虚拟现实通过将计算机及多媒体通信等技术构造教室学习环境，通过在虚拟学习环境中与控制对象、虚拟人物及其他学习者之间的交互，借助互联网及三维环境的化身功能，可以实现学习者态度和情感的变化与表达，不但能能实现物理教室的大部分功能，如进行实时交互，而且能实现异步通信、异步辅导、异步讨论等。VR的沉浸感很好地弥补互联网教育缺乏教学情境这个缺陷，实现了网上学习的实时交互，使得世界各地的学习者可以处于同一时空进行共同学习，从而营造出学习氛围，提高学习效率。在《极乐王国》的VR教室中，老师和同学登录后将具有不同的虚拟形象，置身于一个和现实中教室一模一样的场景之中。在教室场景中，采用实时语音交互的方式，老师和同学可以随时使用耳机交谈和讨论，与真实的教室一模一样。

“第二人生”

“第二人生”（second life，SL）是网上非常受欢迎的虚拟社区，基于互联网技术，通过VR技术创建虚拟的沉浸式的游戏学习环境。用户通过虚拟化身（avatar）与虚拟世界里的人进行口语交流，让语言学习不再变得枯燥乏味。得克萨斯大学奥斯汀分校的一位研究员对一个交互式的定性分析进行了评估，发现一旦学生们克服了“第二人生”中技术上和使用上的困难，他们表现出一种对社交式学习活动的偏爱，并因在学习过程中和其他人互相交流而获得很大乐趣。目前，国际上有超过300所大学以“第二人生”为教学用途，包括美国哈佛大学和杜克大学。在这样的虚拟环境中，学习者通过虚拟化身，实现了虚拟学习者之间互动有支撑、自学有支持、交流有支援的良好的学习氛围。

协作式学习

学习者能够通过与他人之间的协作获得启发，并增强经验与知识的积累，进一步提升自身的学习效率。而虚拟现实系统能够利用信息技术及人机交互的模式将不同物理位置的用户联系在一起，实现模拟场景的共享，使处于不同地理位置的学生能够在同一个协作学习环境（computer supported collaborative learning，CSCL）中，实现模拟场景共享。并且，用户能在虚拟的空间中进行联机操作，进行互动协作学习，使学习者的学习体验过程从独白走向对话，从个体式学习走向合作式学习。IdeaVR 2.0虚拟现实教育平台，借助内置强大的分布式多人协同系统构建多人协同工作环境，让所有使用者置身于同一个真实的场景中，实现了异地多人协同。美国福赛大学将VR协作和教育工具rumii整合到大学使用的教室环境和在线平台中。让学生们进入身临其境的协作环境，以改善分布式固定教育模式。

远程交互学习

虚拟现实的内容具有边际成本低和远距离传输的特点，它与远程教育的结合根本性地变革传统远程教学方式。远程虚拟教学可以通过虚拟现实系统来实现。VRML是创建虚拟物体和场景的工具，可创建动态的虚拟教学上应用的对象，学习者可以和场景中的对象产生交互，达到实时教学的效果，使异地的人们仿佛身临其境地进行跨地域、跨时空的交互学习体验。例如，美国伊利诺伊州大学芝加哥分校电子可视化实验室（electronic visualization laboratory，EVL）和交互计算环境实验室（interactive computing environments laboratory，CEL）合作推出的叙事式沉浸的建设者及协同环境（narrative immersive constructionist/collaborative environment，NICE），就是一个探索性质的交互式学习知识环境。当孩子们进入虚拟现实环境中，都有自己的角色，通过戴着特制的眼镜，手中拿着一个特制的小棒用于交互操作，来自不同地方的孩子可以在这个虚拟的花园中相互打招呼、交谈和学习。

6.2 VR/AR 赋能教学

6.2.1 教学资源整合与共享

在线虚拟现实仿真资源

通过 VR 创建沉浸式、交互式，以及构想性的教育情景，让学习者可以轻易打破学科之间的隔阂，正确、全面地理解知识，将 VR 变成学生自我学习、自我探索、自我构建知识体系及提供优质资源的工具。VR 技术打破了传统教学的局限，充分整合各种学习资源，让传统在线教学资源以更加生动形象的形式出现，便于学生理解，同时也为学习者提供可以自主选择的优质的学习资源。Onesoft 平台为用户提供了在线虚拟现实仿真资源科普内容聚合，该平台融合了复杂的物理、生物医学、自然科学等百科知识，提供了栩栩如生、一目了然的三维视觉模型场景，更好地帮助学生理解抽象枯燥的内容（图 6–2）。

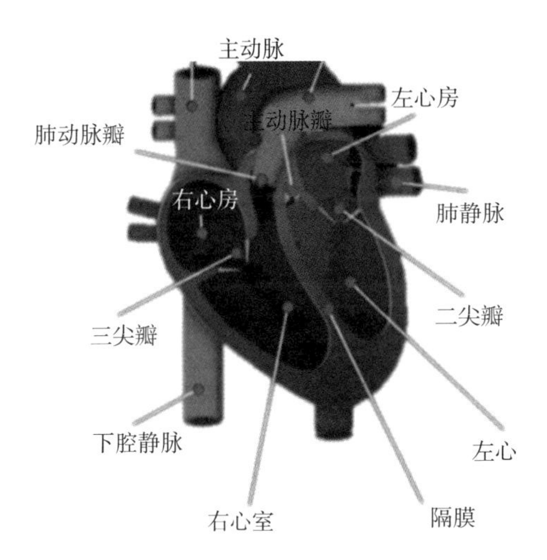

图 6-2　Onesoft 平台三维时间视觉的心脏结构模型

资料来源：https://www.jianshu.com/p/22ea7de24402。

6.2.2　拓展知识广度

知识获取：不再限于教师

虚拟现实技术在教学环境中可以充当一种新的学习工具，它可以作为一种全新的教育知识载体为教学模式提供多元化选择、为教学的创新提供技术支撑。虚拟现实的应用使得数字化的知识以多种面貌及三维立体化的呈现，便于学生解读与挑选，利用互联网实现知识的数字化传播。此时知识的来源不再是单一的、枯燥的，也不是老师教什么学生就学什么。学生可以在平台上主动去选择所感兴趣的模块，大大扩大了学生自由选择课外知识的范围。对于一些对天文知识感兴趣的学生来说，Star Walk 是增强现实的“天文互动指南”。该系统能利用手机或平板电脑中的 GPS、指南针和陀螺仪教用户辨别学习星座，借助手机或平板电脑的多点触控技术在 3D 星云中了解天文知识。这些生动形象的 VR 软件使得人们即使脱离了老师的讲解也能更加形象、深刻地了解更多的知识。

移动课堂：不再受限于场地

移动课堂是建立在基于工作过程的理、虚、实一体化的“一体两翼”基础上的全新教学资源体系。“一体”是指基于“云端—移动终端”的全媒体移动课堂，“两翼”分别为理论教学资源和以虚拟仿真软件为代表的实训教学资源。移动课堂中的理论教学资源，可为学员提供丰富的理论支撑。而虚拟仿真软件可以营造出身临其境般的教学与实训体验，实现以典型教学案例，示范与练习同步，注重技能训练与养成教育并重的教育模式，使得“理实一体化”的教学与实训理念得以有效贯彻。并且，在移动课堂中，教师通过教师端可以上传、编辑教学资源，查看学生学习情况，如任务作业、试题浏览、考勤管理、成绩管理等，学生通过注册登录，学习老师上传的课件、视频、微课资源等，并进行在线测试。OhmniLabs 的远程呈现机器人 Ohmni 具备可移动、高度自动调节及实时通信的特性。利用 Ohmni 进行远程实时听讲和互动，这样学生即使在家也可以在课堂上跟着老师进行学习。

6.2.3 积聚资源的宽度

名师面对面：实时全息讲师

VR 教学资源共享与信息沟通，彻底改变解决了教育存在信息和资源封闭的问题，使得教育数据流动的自动化及优质教育资源的优化配置来缩小教育差距、改善教育质量的教育体系发展新形态。这意味着，老师和学生将可以实时共享一套 VR 系统，让许多学子即使不在名校，也能坐在名师课堂里和名师面对面交流。伦敦帝国理工学院与全息媒体公司 ARHT 合作，利用投影全息图(hologram) 作为一种远程会议形式，将来自世界各地的演讲者直接带到演讲厅。而在英属哥伦比亚大学法学院，学生们也可以使用名为 VR Chat 的 VR 社交应用程序享受虚拟现实讲座，该应用程序提供虚拟在线聊天空间，拥有 VR 耳机的学生可以自己投影并与讲师和其他学生互动，使得学生即使身处异地也能享受优质的教学讲座。

优质教学资源共享：三维互动教学平台

三维互动虚拟教学平台是在线 VR 与三维互动教育教学资源结合云服务技

术，具有丰富的教学资源库及各种三维互动虚拟仿真实验。平台可以将真实的学习环境模拟到虚拟空间中，让学生不受时间、地点的限制，同时教师可以在平台中建立课堂、招募学生进行授课，汇集大量名师的公开课，能让知识不仅在学生中传播开来，更能让先进的教学方法和授课经验在教师之间得到更广泛的推广和延伸，实现优质教学资源的共享。并且，基于虚拟现实三维互动引擎运行的网络虚拟现实三维互动实验环境，能够实现大量并行用户快速下载及构建渲染动态三维互动场景，可以为各类学校、培训机构、科研机构等用户提供的在线教育云平台。

双师课堂：虚拟演播室系统

双师课堂的三维场景化授课是利用虚拟演播室系统（the virtual studio system，VSS），将计算机制作的三维场景化课件，与摄像机现场拍摄的外教授课画面进行数字化实时合成，实现课件和外教的同步变化，超越实体课堂的氛围，并提升教学双方的互动交流，让孩子充分理解和吸收所学应用情境，大幅提升学生课堂注意力，让学生获得更有效的学习效果。双师课堂让优秀的主讲老师通过虚拟演播室系统给更多班级的孩子上课，而辅导老师做好课上教学和课后辅导，形成“课堂学习—课后练习—辅导纠正—真正掌握”的高效学习流程。Imkid的情境沉浸式课堂利用绿幕抠像技术，结合场景化的互动课件，将授课老师置身到内容场景中，真正实现人与场景融合的互动教学体验。外教易三维场景直播课采用中外教联合授课模式，完美解决中小学英语学习痛点（图6–3）。

图 6–3 外教易虚拟演播室系统的三维双师场景化课件

资料来源：http://www.sohu.com/a/260361008_203003。

6.2.4 增加教学的深度

记忆重建：从抽象到形象

利用虚拟现实具有的虚拟可视化能力，可以使难以理解的抽象知识具象化。通过模拟出具体的实物情景及进行记忆重现（memory reproduction，MR），提供一个感知的情景，将不同抽象概念、理论直观化形象化，使之能从空间和现象内部角度观察事物，更好地掌握信息，并提高抽象思维能力。同时在数字世界中与之互动，从而让学生在头脑中构建相应的认知结构模型，并在头脑中形成知识的正向迁移，使知识更容易获得。例如，Z-Space 300 交互一体机是面对学生的终端解决方案（图 6–4）。在课堂上学员们可以同步看到老师演示课件的三维立体的操控实景，能更加直观地理解诸如建筑工程、机械设备、立体几何、医疗操作等在平面难以理解的知识。并且加州大学旧金山分校使用 VR 技术来代替那些真正的人体和教科书，学生们完全可以在 VR 中独立自主地移除每一层身体组织，弄清肌肉与神经和各个器官之间的相互作用。

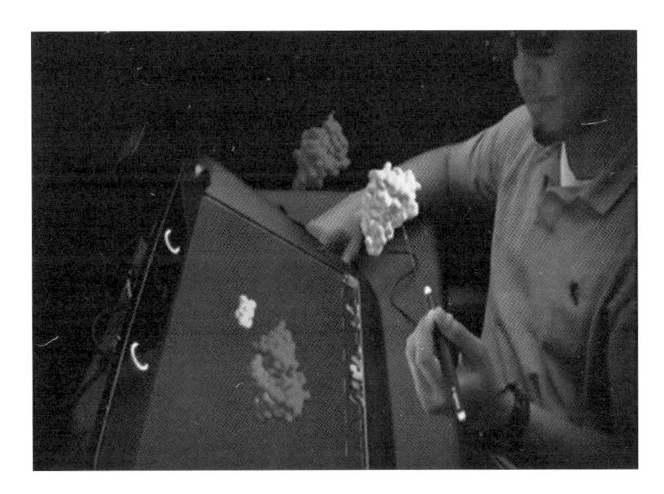

图 6-4　Z-Space 300 使学生能够移除每一层机体组织

资料来源：http://www.casrz.com/nd.jsp?id=136。

VR 嫁接创客教育：培养高素质人才

创客的特征就是内在的创新素质，是创客文化与教育的结合，基于学生兴趣，以项目学习的方式，培养跨学科解决问题能力、团队协作能力和创新能力的一种素质教育。虚拟现实如何与创客教育融合也成了新型信息化教育的重点发展方向。业界把 2017 年称为“VR 创客教育”元年。虚拟现实可以让学生在虚拟的环境中进行大胆的实践，通过虚拟实验促进与同学进行协作，使得学生在实践与协作中实现主动学习的模式转变，体现了创客教育中的实践、协作与快乐学子，因此，虚拟现实将会是创客教育的一把利刃。微视酷独创虚拟创客教育系统软件，开发出了全球首个虚拟现实创客教育开发引擎软件，基于这一引擎软件，组合出了三大创客空间解决方案，实现了创客教育工具的大融合，同时还能实现低成本的虚拟创客教育，解决了虚拟现实技术在创客教育中应用的难题。

6.3 VR/AR 实验教学变革

6.3.1 虚拟实验室

教学实验虚拟化

虚拟实验（virtual laboratory，VL）也称“合作实验”，是基于 Web 技术、VR 技术构建的开放式网络化的虚拟实验教学系统，是现有各种教学实验室的数字化和虚拟化。虚拟现实实验室以虚拟现实技术创设实验临场感的实验环境，良好的沉浸性使其达到与真实实验同样的效果，实现教学实验虚拟化（teaching experiment virtualization，TEV），但比传统实验室成本更低。并且学生可以自己动手配置、连接、调节和使用虚拟器材库中的器材，搭建任意合理的典型实验或实验案例，甚至是一些危险性的实验。虚拟实验室突破了传统教学中，知识与实践不能更好地融合的难题，真正实现了实验教学。休斯敦大学和美国国家航空和宇航局约翰逊空间中心的研究人员建造了一种称之为“虚拟物理实验室”的系统。学生使用该系统可以做万有引力定律的各种虚拟实验，可以控制、观察由于改变重力的大小、方向所产生的种种现象，以及对加速度的影响。

6.3.2 可视化与过程仿真

沉浸式数据可视化

虚拟现实环境中设计实验过程中，可以设置多个检测视角、检测周期、数据记录等内容，并通过利用沉浸式可视化技术改变数据呈现的方式，实现将复杂的数据集转换成可视化沉浸式数据，将大量的变量映射到物理对象的不同属性上，使复杂的关系可以被迅速地理解。克莱姆森大学的 Barre Hall 的可视化实验室配备了 VR 和 AR 技术。他们使用了多种技术来为数据增加另一层维度，其中就包括克莱姆森大学研发的高性能 Palmetto Cluster 系统，通过 Paraview visualization 软件，并连接到 Palmetto Cluster 系统中，以利用学校的计算能力，让学生以另一种角度查看数据。DataView VR 发布的沉浸式多维数据可视化工具可以帮助分析人士更轻松和更快速地理解复杂的多变量之间的关系。

实验过程可视化：现象仿真

虚拟现实技术通过现象仿真（simulation of phenomena，SOP）使得所呈现出的知识可以突破传统多媒体空间立体性缺失的局限性，通过转换到第一视角和创设体验环境给学习者呈现更直观的、更真实的信息。VR 技术可将实验过程一些难以用肉眼看见微观现象可视化，还可以将宏观的不可见的现象展现在眼前，并且结合实际的教学需求，最大限度地发挥虚拟元器件资源的优势。同时利用虚拟现实技术的沉浸性和交互性，学习者可以从第一视角来体验知识，克服外界条件限制的知识呈现能够为学习者提供全面、鲜活的知识体验，促进学习者的整体感知。美国华盛顿州开发了一种虚拟实验软件，该软件是一套模拟化学反应的系统，学生们通过戴上头盔，手握实验操作杆，一些化学反应就栩栩如生，学生们可以通过操控氢原子和氧原子进行分解和结合，并且可以自己动手实验，实现了化学反应过程的可视化，加深学生对实验过程及原理的理解。

6.3.3　容错与试错

实训教学

借助虚拟现实技术可以搭建各类实验模型，灵活组合各类仪器设备，同时学习者通过虚拟眼镜、虚拟笔、手势互动、肢体交互等技术来进行实验练习与训练，并在实验过程中可以及时得到提示并修正学习者的操作错误，使学习者获得“在错误中学习纠正”的机会，为学习者提供无限试错和练习的机会。在谷歌 Daydream 实验室里进行了一项关于制作咖啡的实验。测试人员通过在 VR 中学习，发现在 VR 中人们可以学得更快、更好。通过 VR 技术应用于教学，模拟真实情景，并且可以在虚拟的情景中进行无限次的实验与练习，实现理论与实践相结合的高效率教学模式。

仿真“不可能”

虚拟现实实验室最大的意义在于让高危险系数、高成本而难以在传统的实验室中操作的实验有机会可以让学生去体验。对于传统实验室中安全事故频发的问题，虚拟实验室提出了完美的解决方案，它可以在保证“真实”的操作感的同时，实现绝对的安全实验。对于实验危险的降低，主要包括两个方面：其一是可对一些因错误操作而产生的不良后果进行模拟，以最直观的方式促使学生正确合理地操作实验；其二是对于一些具有高危险性的真实实验，可实现虚拟仿真操作，为学生在实物操作前提供实践的平台，以便更好地体会实物操作中可能遇到的种种问题，降低危险系数。例如，VAL 应用程序结合了虚拟现实和增强现实技术模拟化学实验室，让实验人员把化学物质放入真实的 3D 打印的烧杯中进行混合，并且利用煤气灯加热，让化学物质产生反应，在这个过程中参与人员的安全得到了充分保障。

降低成本，提高效率

利用虚拟现实构建的虚拟教学设备，将可解决在教学中设备昂贵、场地有限等问题，在节约大量教学设备耗费的前提下完成教学工作。同时，也可减少实训设备因长期使用而损坏、教学材料大量消耗等问题，从而实现教学成本的节约。一个教育心理学家对 160 名学生做了研究发现，虚拟实验室方法相比传统教学方法，教学有效性提高了 76%。谷歌和 Labster 的合作为学生创建了一个虚拟实验室。虚拟实验室通过创建虚拟的实验场景，以及实现人与机器的实时交互，将实验搬到现实世界当中，学生可以学习设备并在虚拟环境中进行实验，从而大大降低了实验成本。英国 The Open University 的开放科学实验室中地球科学实验室的虚拟显微镜可以提供现今世界各地博物馆和研究机构存放的地质标本，避免了购买昂贵显微镜的费用和切片标本制作费用，还可以实现设备的共享。

6.4　VR/AR 邂逅特殊教育

6.4.1　直击难点痛点

对症下药

特殊教育不同于传统教育，特殊教育群体因其固有的特性，受身体、心理等方面的局限和困扰，在智力、能力、行动等方面与传统教育群体有所差异。对于绝大多数特殊儿童来说，医生与儿童的沟通存在一定的困难，因此找到患者的病源也会存在一定的困难，无法对症治疗。而在干预过程中儿童与外界环境交互的安全问题及现实世界的条件难以把控，而通过虚拟现实技术创建虚拟的三维真实情景，能使特殊教育群体以直观的方式进行学习和观察，突破身体及心理造成的局限，有针对性地进行治疗。Kessler 医学康复研究所和教育公司设计了一间虚拟教室用于观察儿童表现，以此检查儿童的注意缺陷情况，避免传统诊断的主观性和不确定性。而 Calma 系统创造了在 VR 中模拟空房子的体验，医师可以根据患者的反应，实时地对环境做出调整，如增加、修改或移除刺激物（包括声音），大大地提高了干预效果。

6.4.2　让特殊儿童敞开心扉

增强自我效能感

VR 技术可以安全和有效地帮助当事人聚焦行为，体验不同自我，挑战原有假设，因此，在心理治疗中使用 VR 技术，可有效支持当事人，增强当事人在咨询情境中和咨询情境外的自我效能感。得克萨斯大学达拉斯分校的一项最新研究显示，新型虚拟现实训练项目对于自闭症可以产生积极的干预效果。该中心的临床医生 Nyaz Didehbani 博士认为，自闭症让人在社交情况下变得焦虑和不知所措，但是虚拟现实平台却为他们创建了一个安全的地方进行社交训练，消除了恐惧感。通过虚拟现实平台对患者进行训练，并提供一种交互和视觉刺激方法，模仿无数的社交场景，为特殊儿童创造临场感。并且临床医生可以通过模型及 MorphVox 软件操作音频改变角色外貌和声音，提供了一种真实和动态的机会，让人们可以参与进来练习，获取社交情景的即时反馈。

情绪识别与实时反馈

特殊儿童的认知、情感、意志等多方面发展不协调，使得特殊儿童的情绪和行为出现问题，而特殊儿童的情绪在治疗和训练的不断深入逐渐也会发生实时的变化，因此治疗方案需要进行实时地更新。在治疗过程中，受试者可通过佩戴 VR 眼镜，来采集足够多的情绪样本。利用人工智能工程和统计学将标签分别赋予情绪样本，并且建立比对模型。当采集到患者的情绪波动时就可以和情绪样本进行比对，识别出患者的当前情绪，给患者的脑电信号打上标签值并输出到治疗系统中，可以科学地进行情绪纠正场景的选择，提供适合的情景教学，有针对性地锻炼特殊儿童的认知和社交等方面的能力，填补他们与世界的“沟壑”。Brain Power 推出的 Empower Me 系统，一个专为自闭症患者打造的 AR 互动平台，通过游戏化的情景吸引用户，针对佩戴者听到、看到的情况的反应进行特殊的反馈。

个性化干预与渠道屏蔽

在特殊教育的干预训练中易出现多来源感觉困难问题：环境中过量的刺激会给儿童带来感知困难及行为退化，同时不相关刺激也会分散儿童注意力，从而降低干预训练效果。然而 VR 技术能够营造出相对独立、可控的虚拟三维空间，将特定刺激（视觉、听觉、触觉）隔离出来，有效避免了环境中的不确定因素对孤独症儿童多感知渠道带来的干扰，从而解决在特殊教育的干预训练中易出现多来源感觉困难问题。纽卡斯尔大学的专家与创新科技公司第三眼神经科技合作开发的“蓝屋”可以创造出一个 360 度的个性化环境，可以削弱自闭症患者的恐惧心理。虚拟现实技术以一种屏蔽多感知渠道的干扰方式提供给他们恐惧的情境，实现个性化干预，帮助他们学习如何管理自己的恐惧。

6.4.3　让特殊儿童自然互动

多感官激励

VR 通过对各种现实环境的模拟，以及与虚拟环境的实时交互，可以提供丰富的感官刺激，促进个体感知觉的发展，对特殊儿童进行肢体训练的干预，保证了儿童的安全，同时也有助于特殊儿童肢体能力提高。英国诺丁汉大学的帕森斯（Sarah Parsons）等人进行了孤独症儿童社交的 VR 干预研究。他们根据语言能力、智商水平和性别对 36 名儿童进行分组（其中 12 名为孤独症儿童），借助虚拟咖啡厅场景模拟了点餐和寻找物品两项任务。结果表明，通过 VR 场景对孤独症儿童进行多感官刺激，使他们在经过少量训练后便能显著提高任务技能。澳大利亚维多利亚州杰克逊学院信息通信技术协调员马修 · 马兰可辛(Mathieu Marunczyn）通过让特殊儿童使用 Oculus Rift 设备来体验虚拟游戏，通过这些个性化互动情景和丰富的感官体验，使得特殊儿童学会团队合作。

全感知体验

通过虚拟现实构建三维训练场景，并在场景中进行模拟生活中互动情景，而用户可以感知周围环境，形成动作反馈，从而完成视觉、听觉、触觉、嗅觉等的全感知体验（full perception experience，FPE）。在这个过程中，系统会将孩子的行为表现和技能发展数据实时记录，生成各种可视化量表，用大数据分析的方式，根据每个孩子不同的行为表现和技能水平提供科学的定制化训练方案。并且可以通过数字化方式帮助家长掌握治疗过程中的信息，制定个性化的训练，从而改善特殊儿童的社交及生活自理能力，为特殊教育提供优质的教育平台和全新的应用手段。北京林业大学的一项研究对北大第六医院的 15 名孤独症儿童进行 1 个月虚拟篮球游戏干预训练，同时配合同伴交往能力观察表等进行记录。结果表明，与现实情境干预相比，VR 干预能够有效提高现实同伴交往中关注他人、语言运用及规则执行能力。

6.5 VR/AR 助力教育培训

6.5.1 身临其境的体验

沉浸式仿真培训

沉浸式仿真培训通过生成类似于进行虚拟教育培训的人工环境为培训人员创造一种临场感，冲破了在培训过程中由于安全、现实条件的限制，无法感受到危险与紧迫这一束缚。它可以是某一现实世界培训基础或设施的真实实现，也可以是虚拟构想成的世界。并且在虚拟现实技术的支持下，虚拟培训设施与真正的培训设施功能相同，操作方法也一样，学员通过虚拟培训设施训练技能，与在现实培训基地里同样方便。国网上海市电力公司自主研发的安全体验式培训平台“电力卫士营”培训平台借助VR技术，让学员身临其境地置身于各种真实、复杂、难度不一的电力生产虚拟现实环境之中。当学员因误操作而导致触电、坠落等事故时，VR 技术也可相应给出视觉、听觉上的感觉，增强安全教育的同时，培训人员的安全也得到了保证。

实战式体验培训

培训内容专业性较强，实际操作过程复杂，而成本、时间的限制，使得传统的培训方式仅通过单纯的书面及视频教学，无法进行实战性的培训，导致培训效率低下。VR 应用于教育培训中的一大优势是其能够创建特殊环境，为培训者提供身临其境的交互式体验，可以让培训人员可以探索不同的世界，并通过真听、真看、真感受来提供沉浸式学习体验，并且培训人员可以经历各种危险的培训教育场景，并通过实时的交互提高技能培训，从而增加培训人员的实战经验。霍尼韦尔发布了一款全新的基于云的霍尼韦尔互联工厂沉浸式仿真技能培训解决方案，采用 VR 技术创造了交互式岗位培训环境，使受训人员能在安全的环境下，感受其决定带来的影响，增加实战经验，实现了培训技术的时间最高减少 66%。

6.5.2 创造实操感

多模态交互

通过VR互动体验的培训平台，利用VR技术创建虚拟场景，并通过文字、语音、视觉、动作、环境等多种方式与虚拟环境交流信息，实现人机交互，并得到实时反馈，实现多模态人机交互（multi-modal human-computer interaction，MMHCI）。这种特性使学员与物体、学员与事件、学员与其他人之间的双向实时反馈成为现实。Scope AR在2016增强世界博览会上宣布了第一个智能指令生成工具WorkLink。WorkLink让非技术人员可以一直有个专家在身边全程保证测量和跟踪分析，通过对非技术人员传达直观的、高度交互的增强现实指令，可以提高员工的理解，提高效率和安全性。这种方式改变传统的培训模式，以体验交互式的培训方式实现目标导学和实践式的高效教育模式。

虚拟仿真培训平台

虚拟培训平台的建立，使得员工能够在接近真实的工作环境中进行操作，培训人员可通过使用专门设备，用人类的自然技能实现对虚拟环境的物体或事件进行交互。培训人员和虚拟环境的交互能使其全身心投入计算机生成的虚拟环境，并和环境融为一体，相信虚拟世界的人真实存在，在实践操作中一直发挥作用，仿佛和客观真实的世界一样，这是传统的培训中达不到的效果。丰田汽车虚拟培训中心采用Eon Professional虚拟仿真平台，结合最新的动作捕捉高端交互设备及3D立体显示技术（three-dimensional display）提供了一个和真实汽车空间及其他设备完全一致的环境。用户可以在这个具有真实沉浸感与交互性的虚拟环境中，通过人机交互设备和场景里所有物件进行交互，体验实时的物理反馈，进行多种实验操作，从而缩短了培训时间。

要领重复训练

VR技术可以创建虚拟场景，为培训人员搭建最真实的训练场景。并且，虚拟环境中进行培训远比在现实环境里安全，学员也可放心地在虚拟环境里试用新的培训技术，不用担心发生事故。虚拟现实培训的安全性不仅是对于受训者而言的，它也包括周围环境中的事物。因此由于虚拟环境的安全及可重复性，使得培训者能够在“真实”的环境中进行多次重复的安全式的实战训练，获得直接经验，从而提升培训效率。普惠公司也利用虚拟现实技术在新型喷气式飞机引擎上培训工程师，而不会对昂贵的发动机部件造成损害，因此可以实现低成本的反复训练。法荷航维修工程公司开发的虚拟飞机系统可实现在虚拟环境中“拆开”发动机或 APU，甚至“执行”不同的预定维修工作，在维修技术人员与飞机系统进行实时交互的情况下模拟飞机排故的整个过程。

模拟飞行器

基于虚拟现实的飞行模拟器（flight simulator，FS）有着无可比拟的巨大优势。虚拟现实技术模拟器，不需要配置座舱等硬件设备，而是通过虚拟现实的方法，利用软件呈现一个完整的飞行训练环境。可以方便地实现一机多能，即利用一个训练平台完成多种机型飞行任务的训练。CAE 公司研制的 3000 系列全动飞行模拟器可用于直升机飞行和任务模拟，能逼真模拟直升机特定的任务训练，包括海上紧急医疗服务、执法、高空和其他行动，能有效提高飞行员培训效率，并提高运营效率。国航 VR 培训系统借助先进的 VR 设备，逼真地模拟出机坪、客舱等生产场景，让学员不出教室就可体验到身临其境的效果，大大提高了飞行员与乘务学员安全与学习效率（图 6–5）。

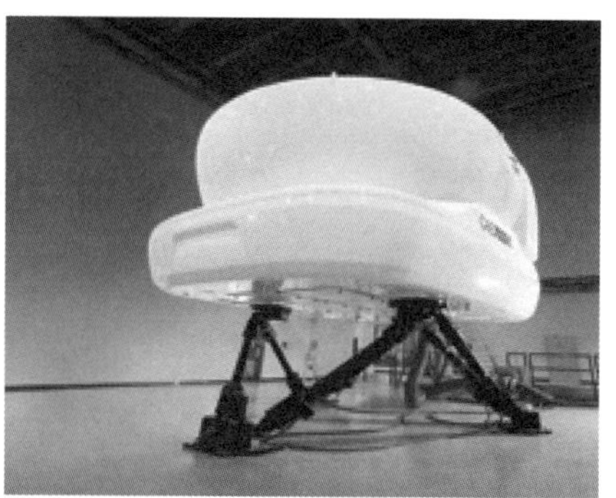

图 6–5　VR 模拟飞行器可以逼真模拟飞行过程和特定的任务训练

资料来源：https://baijiahao.baidu.com/s?id=1621522645862545827&wfr=spider&for=pc；https://graph.baidu.com/thumb/2290799202,3016782627.jpg。

第七章

VR/AR 引领智慧能源新时代

能源开发与管理具有高度的危险性与复杂性，并且投资大、工期长，涉及多个模块和行业，包括地质勘探、电力工程、水利工程、矿山工程、石油开采等，常常需要对大量数据进行分析管理。虚拟现实为智慧能源的发展提供了新的思路。利用虚拟现实还可以最大化地重现地质结构空间，让能源勘探工作更加轻松、高效。VR/AR 技术构建的高度逼真的三维可视化环境可以让能源配置和管理更加直观、形象，让管理人员实时掌握能源的使用需求和生产状况，随时根据变化进行调整。运用虚拟现实和增强现实技术不仅可以实现能源设计、勘测、施工、维修维护的可视化管理和交互式反馈，而且可以建立高度沉浸感的可视化虚拟环境，虚拟现实和增强现实技术已经成为智慧能源中不可或缺的重要技术支撑。它带给我们的不仅是视觉上的感受，更重要的是对思维的启发，从而引导我们用虚拟现实和增强现实技术开辟更高效、更安全的能源发展路径。

7.1 构建地学表达新思路

地质勘探是石油、矿产开采、水利工程等能源开发领域的最为重要的一环，传统的方法是采用各种勘探和钻探技术获得地质构造和矿产资源的分布信息，并采用二维形式的平面图、剖面图等对它们进行描述，这种表现方式的缺点是不够直观，无法还原真实的地质空间结构。虚拟现实的发展为三维可视化技术应用到地质勘探领域创造了条件，与传统的二维信息显示方式相比，三维地质模型的显示更加直观、灵活，接受性强，便于从多角度观察地质构造，有利于发现以往依赖于二维图形难以获得的信息，从而为能源开采提供决策支持。

7.1.1 三维地质空间

地质仿真：时空关系精准定位

地下状况错综复杂，地质往往难于直接观察，而利用虚拟现实技术则可把地下空间真实地展现出来。地质仿真的首要问题是准确、全面地收集地质数据。地质数据是指描述三维地质地形的数量、质量、分布、相互作用等规律的数字、文字、图像等的总称。地质数据具有空间数据的基本特征，即空间位置特征、属性特征、空间关系特征和时间特征。基于搜集整理的地质特征数据，虚拟现实技术不仅可以完美地还原地质的三维样貌，可以准确描述不同地质体之间的关系，实现时空关系精准定位，而且还可以动态演示地质体随时间的变化情况，增加地质勘查的趣味性，提高地质工作的效率。

虚拟分割：细致剖析空间结构

三维地质空间虚拟仿真的理论基础是空间分割原理，也就是任何复杂的空间对象都可以由多个简单形状构建而成，如地层可以通过多个三角形来逼近，用一系列四面体网格近似模拟一个断块等。因此，三维建模的核心技术是对于空间对象的三维表示模型，研究如何描述空间物体的几何形状及其相互作用关系。常用的三维空间数据模型主要包括基于面的模型、基于体的模型和混合模型。基于以上几种模型，可以将复杂的地质体和地质结构拆分为若干个易于表达的简单个体，然后利用虚拟现实技术将它们有机整合起来，从而实现地质体的完美呈现。

派生数据：准确描述地形细部

虚拟现实三维地形建模的结果通常是一个数字高程模型（digital elevation model，DEM）。高程是地理空间中的第三维坐标，由于传统的地理信息系统的数据结构都是二维的，数字高程模型的建立是一个必要的补充。DEM 是建立数字地形模型的基础，其他的地形要素可由 DEM 直接或间接导出，称为派生数据。派生数据中包含地质的坡度、坡向、地貌、侵蚀和径流等特征细节。通过三维可视化分析，地质勘查人员可以为能源开发提供可靠的规划设计与管理解决方案。

7.1.2　未知水世界

完美呈现水文地质分布

地下水的含水层及隔水层的厚度、空间变化、分布的情况对水文地质研究十分重要，虚拟现实技术利用其三维立体可视技术将含水层情况变化通过图形、数据等方式，呈现在研究人员面前。在已有研究中，研究者只能通过二维解剖图和含水层或是隔水层的分布垂直面的特点进行分析，这样的分析和研究并不能给予精确的数据。通过资料的输入和虚拟现实的结合，地下水含水层的整个流向变化将真实立体地呈现在研究者面前，大大方便人们的观察分析。此外，虚拟现实还能够表达地下流水的变化情况和运动形态，将地下流水的流向特点、水流速度、水流量、地下水储存变化精确形象地展示出来，对水文地质的研究有很大的帮助。

实时追踪地下水运动形态

虚拟现实技术能够直观地、及时地、准确地呈现当前地下水问题，实时监测水流变化，对即将发生问题的地下水发出预警，以便人们能够及时预防并且补救，从而减少对环境的破坏。随着世界经济和人口的快速发展，人们对淡水资源的利用越来越多，开始开发地下水资源，然而对地下水资源毫无节制地开发不仅会造成严重的地质水问题，还会影响人类的正常生活。由于人们过分地开采地下水资源，地下水含量急速减少、地面发生塌陷、土地沙漠化严重、水资源紧缺等问题日趋严重，影响人们的生活和居住。借助虚拟现实技术，能把地下水水流运动的状态用三维可视化技术形象地表现出来，然后工作人员可以通过这些数据建立水流虚拟模型，通过研究该模型，找出解决问题的合理方案，从而化简工作流程（图 7–1）。

图 7–1　3D 河道砂沉积环境恢复

资料来源：http://www.sohu.com/a/232305423_170284。

数据构建水文地质模型

水文地质虚拟现实模型的建立共有五大步骤，分别是虚拟现实数据库的建立、三维地质模型的建立、地下水流模型的建立、专业模型的建立及实时预测模型的建立。虚拟现实数据库模型是根据实际特点及虚拟要求建立其虚拟数据库，其数据库中含有海量的数据，因此数据库中的数据精准度相当高，主要包括水流、地质变化、天象变化等。三维地质模型的建立是水文地质模型的基础，它要求所有的地质问题都与水文问题相关联。专业模型建立中的内容和问题要联系实际情况，如地面沉降、海水侵入、地下水转移等，根据实际情况的发生建立专业的模型。实时预测模型建立的沉陷感及实时的技能不同于其他的计算机模型，能够不限时间不限地点地实时预测水流的方向、含水量分层情况。

7.1.3 地震大数据

虚拟地震数据体

在油气资源勘探中，采集获得地震数据之后，还需要对地震数据进行解释，虚拟现实可以为地震解释工作提供直观、可靠的依据。采集得到的地震数据是一个三维数据体，此三维数据体由同一方向上（横向或纵向）的多个地震剖面组成，每个地震剖面由多个地震道组成，每一道地震数据都由均匀采样得到的样点组成，每个样点的地震幅度值均为实数。地震数据可视化的目的就是将以上格式的地震数据以图形或图像的方式展现出来。从常规的三维地震的解释流程看，主要包括层位标定、层位分割、断层解释、编制构造图（时间或深度）、复杂地质特征识别与分割及储层特性预测等。虚拟现实为地震数据解释工作提供了新的思路，让数据解释工作更加轻松、高效。

三维相干体关联分析

三维相干体技术是20世纪90年代后期兴起的一项十分有效的地震解释技术，利用三维地震相干体技术在相干切片上能够直观地反映构造和断层的分布情况，使得断层特别是小断层进行自动解释成为可能。地震相干是对相邻地震道之间的地震属性（如波形、振幅、频率、相位等）相似程度的测量。利用虚拟现实技术可以突出显示那些不相干的地震数据和断层的展布规律，提高了发现漏解释小断层的机会。更重要的是三维相干体技术能够充分利用三维地震数据体原已存在的空间分布信息，进而减少复杂情况下人为因素造成的误差及由此而产生的多解性，降低决策失误的风险。

虚拟地震解释系统

虚拟地震解释系统不仅可以对单一数据体进行三维显示，还可以从多个维度进行组合展示，主要包括以下4个方面：对一个数据体内的组合显示，包括特殊测网（如平行测网、放射状测网、扇状测网）垂直剖面显示，连接显示（如任意折曲垂直剖面、圆柱垂直剖面、栅状剖面、剖面和切片连接的椅状显示及栅状显示），对接显示（如盒式显示及墙角式显示），数据体切割显示（如矩形体切割、抽屉式切割、曲面切割、断块切割、倾斜切割）；多个属性数据体的组合显示，包括两个属性体的重合显示，2 ~ 3 个属性体的镶嵌显示及多个属性体的融合显示；多种类型资料的组合显示，包括地震、钻井、测井、地质及地理信息资料的组合显示，各种剖面、平面、立体图件的组合显示；多工区数据组合显示，包括二维与三维多个工区或三维多工区的组合显示。这样虚拟地震解释系统可以从多维度、全方位对地震数据进行可视化分析，使地震数据分析变得简单而有效。

7.2 解锁能源开发新技能

能源的开发与利用是一项复杂的系统工程，其中涉及多种技术的运用，施工难度高，周期长。虚拟现实的应用为能源开发工作的开展提供了便利，在石油开采、水利水电施工、电力工程中都能看到 VR/AR 技术的身影，利用 VR/AR 技术建立的沉浸式、可交互环境，可以实现施工规划设计、施工环境和施工技术的可视化，让能源开发如虎添翼。

7.2.1 虚拟钻井

开采数据可视化

钻井工程是利用机械设备，将地层钻成具有一定深度的圆柱形孔眼的工程。钻井位置的选择是钻井工程中最为重要的环节之一，钻井位置的确定需要多名专家基于大量的钻井信息、地质数据，结合多年的钻井经验和理论基础来确定，是一项专业性强、复杂度高的工作。通过应用虚拟现实技术，三维可视化中心和石油勘探工作站可以实现无缝连接，实现石油勘探数据综合化、立体式显示。决策者可以身临其境地、全方位地了解和研究地质、地震、测井等数据资料，针对油田特征，做出井位决策，并且可以根据开采进度实时进行调整，有效提高了钻井位置决策的准确率和效率。

三维钻井轨迹追踪

基于虚拟现实技术的实时随钻决策系统是钻井工程的一项核心技术。在石油勘探钻井中，通过卫星将钻井数据实时传送给三维可视化中心，再基于虚拟现实系统三维立体化显示石油钻井的构造特征、正在进行的钻井轨迹及其数据体，之后把石油勘探的专家聚集起来，实时监控钻井轨迹情况，进行随钻调整、及时优化井位。具体内容主要有：基于三维可视化技术和储层检测技术，优选钻探靶点，并按照钻探的地质目标实施三维井眼轨迹的论证设计，或修正已有井眼轨迹设计；结合网络、井场实时监控软件与分析设备，及时向虚拟现实系统传输钻井数据，促使石油勘探项目组的工作人员实时监控钻井过程。沿井眼轨迹所在的剖面或多井任意连线的剖面将地震数据剖面显示出来，验证钻井成果。虚拟现实技术让钻井工程变得实时可控，让施工人员随时把控钻井情况，随时进行调整，不仅是视觉上的转变，更是钻井管理思维的转变（图 7–2）。

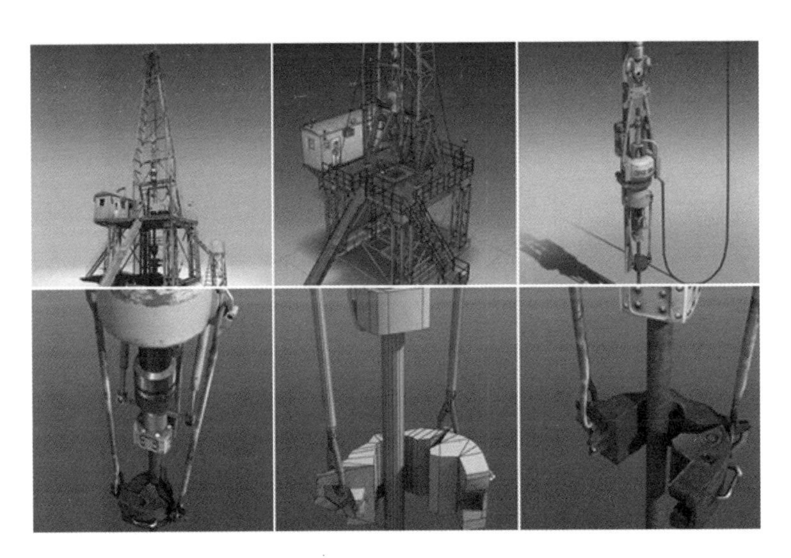

图 7–2　虚拟钻井仿真与三维钻井轨迹追踪

资料来源：http://www.pcvr.com.cn/html/software/softwareb2.html。

迭代钻井模拟评价

利用虚拟现实技术进行钻井技术经济评价模拟主要用于钻井技术经济评价分析决策，代表性产品是 Halliburton 公司的迭代模拟钻井系统。该系统的基本工作过程为：取得地层参数和各种钻机的参数进行模拟，得出各种钻机条件下的经济评估因子，进行对比后给出最优的钻机系统参数，指导钻井公司选择最优的钻机钻井。迭代钻井模型是系统的核心，由地质模型、钻井力学模型和钻井经济学模型组成，可用于钻机选择、钻机调整与升级评价、租赁资产对比、井下工具经济评价、油田钻井经济评估、钻井公司价格与设备可行性研究、钻井液体系选择对经济的影响等。

7.2.2　虚拟水利工程

基于 BIM 的设计规划

基于 BIM 的虚拟水利工程设计规划可以让设计者不仅可以看到水利模型，还可以深入其中，身临其境，通过 1：1 的虚拟现实环境，真实的感受身处模型之中。水利工程各施工区域在布置上并非截然分开，它们在施工、生产工艺及布置上相互联系，有时相互穿插，组成一个统一的、调度灵活的、运行方便的整体。传统的水利施工工程大多数是依靠设计图纸、二维平面图来进行施工制、整体规划，这很难让其他非技术的相关人员有一个直观清晰的认识，管理者不容易实现对全局工程实施正确有效的管理控制。基于上述原因，加之计算机有力的计算功能和高效的图形处理能力，虚拟现实技术在水利工程方面的应用越普遍。在水利工程中应用虚拟现实技术将施工建筑、地理环境、人员配置、危险程度等进行真实模拟，可以浏览工程的整体场景，辅助设计人员进行过程设计与分析，根据不同规划方案得到仿真结果，通过对仿真成果的评估和研究，选择最有效、最安全、最有力的方案运用到施工实践当中，直观地反应施工场地布置的时空变化过程，无疑对提高施工总布置的设计与决策效率，具有重要意义。

三维勘测设计模型

水电站三维勘测设计模型中地形地质三维模型根据工程地表测绘、钻孔、平硐、坑探等信息建立，可查看任意方向和剖面的地质信息，生成地质剖面图；将三维地质模型与水工建筑物三维模型通过统一的坐标系进行整合，可进行多种坝轴线方案及水工建筑物布置方案的比选，查看导流洞及引水发电建筑物等地下工程与断层的相对关系等。将水工建筑物建基面和边坡开挖线与三维地质实体模型进行布尔运算，可得到工程各类填挖量；基于水工建筑物三维参数化实体模型可统计各类工程量；将水工建筑物模型无损导入 ANSYS 软件中，可进行水工结构有限元分析；通过对工程制图进行二次开发，增加水工结构特殊的标注生成工具，可通过三维参数化模型自动生成水工二维 CAD 图。

混凝土坝过程仿真

混凝土坝是当代大型水利水电工程的一种主流坝型，其施工系统庞大而复杂，受自然环境、枢纽布置、施工程序及组织方式等多种因素影响。这些因素不仅本身随时间不断改变，而且它们之间存在着复杂的时空逻辑关系。因此，如何形象地描述复杂工程施工系统内部的动态行为特征，直观获取详细的施工信息是工程人员进行方案设计和决策的关键所在。混凝土坝施工过程仿真一般采用离散事件系统仿真的方法，模拟既定施工方案（如特定的生产能力、机械配置、入仓方式、施工工艺要求等）下的坝体浇筑实施过程，它可以得出坝块的浇筑顺序、并仓方式、资源利用强度等重要施工信息。混凝土坝按浇筑层厚进行通仓浇筑，并且同一时间可能会出现几个坝段合仓的现象，数值仿真以大量数据结果的方式表达了这一施工过程，利用虚拟现实可以把这些数据有机整合到一个动态三维的演示操作平台，构造出可视、听、交互的虚拟现实环境，为坝体施工提供有效决策。

7.2.3　虚拟输电作业

高空作业环境模拟

电力工作的特殊性使得电力工人往往要在高空环境下进行作业，具有高度的危险性，所以上岗前的培训工作至关重要。由于受到传统培训方式和场地等因素的限制，无法达到良好的培训效果。而通过虚拟现实技术则可以对高空作业环境进行仿真建模，让电力工人在安全的环境下体验逼真的高空作业情境，如线路的随人物移动晃动模拟、风向晃动模拟、踩踏线路触感模拟、抓握线路触感模拟、安全防护措施模拟，让培训学员进行高空巡线环境适应性训练，克服高空恐惧心理，提升高空巡线人员的业务素质。

三维带电作业模拟

开展带电作业是保证电网安全、可靠运行，减少电能损失及不间断供电的重要手段，因此对电力人员进行有效的带电作业培训显得十分紧迫。目前，培训方式主要是通过举办多种形式的带电作业理论学习班、培训班、研讨班等，对带电作业人员进行理论强化，这些传统的培训方式存在组织时间长、成本高、形象性差等问题，培训效果不是十分明显。输电线路带电作业三维仿真系统能够构建与现场环境高度一致的全范围、全过程、全场景的模拟环境，在逼真的三维模拟带电作业环境中，学员可以主导者的身份在虚拟场景中进行作业场景浏览，查询线路信息，同时，通过佩戴可交互式设备，让学员可以操纵虚拟物体（如工器具、导线、杆塔、绝缘子、金具等），并与之交互，真实地体验触电的感觉，从而产生身临其境的沉浸感，让学员印象深刻，提高了安全意识。

输电线路风险控制模拟

输电线路的稳定运行对于电力系统至关重要，采取有效的培训方式提高输电线路工作人员的作业水平，是保证线路安全可靠运行的重要保证。基于虚拟现实技术的输电线路巡视和仿真培训系统以监视、训练和教学为目的，综合利用了计算机仿真技术，构造一个和真实系统非常接近的虚拟物理系统，具有全面、成本低、效率高、无危险等优势。例如，可以利用虚拟现实及多种三维场景建模技术对输电线路、输电杆塔、不同类型的输电线覆冰、地形环境和天气效果进行仿真模拟，能够对输电线路覆冰灾害的模拟展示、损失评估等研究提供参考和帮助。

输电线路交叉跨越点模拟

运用虚拟现实技术可以将输电线路直观地呈现出来，对输电线路交叉跨越点模拟（transmission line cross crossing point simulation，TLCCPS），从而将交叉跨越位置确定下来，然后完成相关统计与测量任务。交叉跨越是对输电线路走向影响最大的因素之一，输电通道内的交叉跨越类型繁多，一些微小的变化就可以形成难以控制的重大隐患，进而引发安全生产事故。因此，电力企业想要确保设计方案的安全性与完善性，就必须要将交叉跨越信息收集工作做好，包括交叉跨越距离的测量、交叉跨越位置的选择等。韩国电力公司采用ESRI的GIS软件建立的电力传输业务系统集成了输电线路交叉跨越管理的功能，可以清楚地显示线路交叉跨越情况、查询统计某一条线路的所有交叉跨越点、查询统计某一被跨越物与所有线路的交叉跨越点及跨越距离大于规定值时提示等，实现交叉跨越的实时动态管理。

7.3 开辟能源管理新路径

能源生产与运营管理是关系到能源是否高效开发利用的关键环节。虚拟现实可以将能源生产与运营中的人员、设备、自然环境进行三维可视化和多维表达，并且通过智能化分析模型，将人、机、料、法、环有机统一起来，实现能源生产与运维过程实时全方位的监控与管理，提高管理效率。

7.3.1 智能电网

数字电网

虚拟现实技术的出现，可以解决数字电网部署过程中诸多人力所不能触及的难题，将硬件、软件、网络、应用等多层面融合一体，综合性提升项目的可控性和安全性。电力三维系统平台集成虚拟现实和地理信息系统（geographic information system，GIS），集成了多源海量数据（包括影像数据、DEM、三维模型数据、业务数据），客户端可实现三维数据快速浏览、空间分析、三维渲染、功能设计、拓展需求等操作。系统运用三维可视化技术和空间信息技术，构筑了一个数字电网，从而为电力的合理分配提供了参考依据。利用 GIS 技术对各部分用电量进行实时的检测计算、汇总分析，在获取资源的基础上利用虚拟现实技术对各部分用电量的走势进行合理地预测，从而优化能源分配结构。国家电网有限公司突破了复杂大电网时空信息服务平台构建关键技术，将 VR 技术与 3D 建模技术结合，利用地理信息数据，搭建电网规划三维空间模型，提供贴合实际、可灵活比选的方案，提高设计效率（图 7–3）。

图 7–3　数字电网三维可视化监控平台

资料来源：https://www.soft78.com/article/2012–06/2–ff80808137a7001d0137eee89c9232e9.html。

洞穴状自动虚拟系统

随着电网数据维度、来源、容量的增加，以平面展示为主的传统可视化方法在展示方式的智能化、交互性、信息化等方面缺乏创新，无法有效、直观地展示数据，虚拟现实的出现为电网大数据的三维沉浸式展示提供了有力技术支撑。为了加快建设疆电外送工程，确保电网安全稳定运行，国家电网应用洞穴状自动虚拟系统（cave automatic virtual environment，CAVE）技术和 GIS

技术实现了 500 千伏及以上电网线路和设备模型的三维立体展示和协同交互操作，制造出了强烈的视觉沉浸感和冲击力，达到数字互动、沉浸式的立体裸眼观赏和虚拟漫游体验。实时更新数据和定期更新数据主要来源于工程生产管理系统（power production management system，PMS），实现了 GIS 系统无缝访问 PMS 系统数据的功能，在 GIS 端通过应用程序编程接口（application programming interface，API）调用访问 PMS 数据库，以更新输变电监控状态、用电量、电网架线分布等数据。

设备状态模拟及切换仿真

电气设备分为运行、备用（冷备用及热备用）、检修 3 种状态。倒闸操作是指电气设备或电力系统由一种状态变换到另一种运行状态，由一种运行方式转变为另一种运行方式的一系列有序操作。在倒闸操作中，如不按规程规范进行将会增加事故发生概率，造成人身伤亡和设备损坏。利用虚拟现实技术可以构造逼真的倒闸操作三维虚拟现实场景，受训人员能够通过计算机在场景中漫游和自由操作，真实地感受到场景中的方位、建筑、设备，并且能够听到声音，看到动画等多媒体信息，让人感觉就像在真实的环境中一样。同时，在系统中可以仿真设备的运行状态，这些状态通过仿真设备上的屏幕、指示灯、状态标识等元件表达出来，为学员提供了一个设备巡视、检修安全措施布置、事故处理等项目的倒闸操作培训和考核平台，培养变电站运行人员快速准确地判断和处理不正常工作状态和事故的能力。

全方位立体式智慧管理

基于虚拟现实与增强现实技术的电网业务应用可贯穿应用于日常整个系统运行业务工作，实现电网设备的展示、查询、漫游等操作，使用户沉浸于三维虚拟场景，并且能够与场景中的虚拟设备进行互动，辅助构建全方位的智慧工作模式，完善企业内部沟通交流渠道，减轻现场作业负担，规范电力操作的各种行为，提升现场作业效率，为电网巡检、抢修、远程监控、远程指挥、调度、营销、应急、安监、防灾等应用提供支持，打造更智慧的电力环境。以电力故障抢修为例，抢修工作人员佩戴智能设备，通过增强现实技术快速准确指引故障设备位置，并将多种辅助信息（包括设备属性、参数、状态等）叠加在现实图像之上，通过智能可穿戴设备的光学显示器展示给抢修工作人员，显著提高抢修工作效率（图 7–4）。此外，在中国电科院正在研发的新一代调度控制系统、第三代智能变电站等新装备中引入虚拟现实技术和增强现实技术，将提供全新的人机交互体验，进一步降低工作难度。

图 7–4 抢修工作人员佩戴智能设备快速准确指引故障设备位置

资料来源：https://www.sohu.com/a/240225377_472929。

7.3.2 虚拟矿山

全面优化：房柱式开采模拟系统

运用虚拟现实技术可以对采矿环境和设备进行仿真，操作人员可以与仿真系统进行交互作用，可以在任意时刻穿越任何空间进入系统模拟出的任何区域，通过计算机屏幕显示出采矿作业情况，如设备当前位置和运行状况，设备运行的时间、产量、设备间的距离等动态信息。通过对不同型号设备、不同开采参数下的生产系统进行动态模拟，从而达到优化生产系统的目的。由英国诺丁汉大学的人工智能及其矿业应用研究室开发研制的房柱式开采模拟 VR-MINE 系统可以对连续采煤机、顶板锚杆机、蓄电池机车和给料破碎机构成的生产系统进行动态三维实时模拟，该系统不仅提供了灵活的用户界面，既可以设定设备型号及数量、作业参数，又可以选择煤柱尺寸、回采巷道数量和几何参数，而且可以通过全屏幕或多窗口视图的形式，动态显示房柱式生产系统的平面图或三维立体图。系统创造的这一三维环境与现实中的房柱式开采情况极为接近，无论是采矿作业过程，还是工艺设备的运行都如同是现场拍摄的录像。更有意义的是这种模拟超过以往以任何方法建立的模型所达到的效果。

生态重建：人与自然和谐统一

无论是地下采矿还是露天采矿都会导致地表的破坏，破坏后的重建一般不是最初环境的简单恢复，而是按照采矿的时空发展顺序和最终符合当地人们的需求和价值取向，对生态系统的组成、结构和功能进行积极的安排和调控，重建一个高水平、可持续发展的生态系统。在生态重建的规划设计、方案论证的过程中，虚拟现实技术能够把各种不同的方案在计算机中逼真地体现出来，给决策者提供一种直观形象的辅助决策手段，综合运用采矿工程和环境工程相关专业知识与技术，对矿山工程和生态环境重建进行统一的规划、评价与设计，使得矿山工程与生态环境重建在工艺、工序和时空关系上协调发展的有序动态过程，同时对于方案中不完美之处可以快速修改，这对于生态重建最优方案的确定有重要意义。中国矿业大学（徐州校区）进行了露天矿生态重建的研究，应用于霍林河矿的生态重建，取得较好效果。

资源整合：“人机料法环”有机结合

虚拟现实技术在矿山管理过程中的运用，主要集中在安全、环保、机械设备、生产安排等方面的管理，确保矿山的施工安全和施工过程的顺畅，进而实现安全高效的管理目的。这一应用的实现主要是借助于虚拟现实技术本身所具有的远程监控、环境特征的动态采集和自动生成这一系列功能，将矿山的每一个角落的信息都收集、整理、归纳，并按照地理坐标建立完整的三维信息模型，再用网络连接起来，确保采矿工作环境的实时更新，确保与现实环境的一致性，从而使每个人都能快速、完整、形象地了解矿山过去、现状和未来的宏观和微观的各种情况。在这种情况下，矿井工程的管理责任人就将参照虚拟现实系统中生成的实景图对矿井下方的工作情况进行实时监控、调整、调度和优化，并对整个矿井工作情况、安全情况进行全方位的评估。在确保施工进程可控的情况下，对矿山的开采进度和环境进行全面把握，将矿山生产过程中的“人机料法环”有机统一起来，为矿山规划、工期进度安排等正确决策的做出提供诸多借鉴和参考（图 7–5）。

图 7–5 虚拟矿山实现“人机料法环”资源整合

资料来源：http://www.pcvr.com.cn/html/software/softwareb.html。

7.3.3 水利仿真

全面把控水利工程运维

水利工程运行管理三维仿真系统是虚拟仿真技术在水利工程运行管理中的具体应用。水利工程运行管理三维仿真系统通过采用视景仿真软件建立三维交互式高精度虚拟仿真平台，展示工程地理形态、水工建筑物结构、工程管理区及周边自然人文景观。以虚拟仿真平台为基础，结合数据库与网络技术，实现水利工程的基础数据、图档数据、工程结构安全、雨水情测报、闸门调度等监测数据与历史监测数据的对接，实现一个集水利工程仿真模型库管理、虚拟仿真环境下工程基本信息和实时监测信息查询与管理、智能调度仿真、工程运行管理实时动态仿真、安全预警预报等多功能的实用性集成系统。该系统可为管理者提供水利工程运行管理过程三维动态、实时可视的虚拟仿真环境和全新的信息展示平台，提高了水利工程运行管理的效率与水平。

水利施工方案的演练平台

通过建立水利工程运行管理过程三维动态、实时可视的虚拟仿真环境，对水利工程运行管理进行三维动态仿真，为水利工程的运行管理提供了一个全新的理念和技术平台，工程运行管理人员能在虚拟仿真环境下直观而清晰地看到工程运行管理过程中整体或局部、动态或静态、历史或现实及将来的真实场景，并可进行工程各类基本信息和实时监测信息查询，为工程的日常运行维护和管理提供了可视直观的技术平台。工程调度决策人员可在最短的时间内获得最新、最准确的信息，实现对工程各种运行工况进行模拟预演、工程调度多方案比选与展示、工程调度会商等功能，为工程决策层提供了逼真形象的仿真环境。

水利调度统筹优化

虚拟现实可以用于工程运行调度工况仿真。在完全脱离工程实时监测数据库的情况下，根据用户设置的水闸枢纽上下游水位关系，通过调节水闸闸门的开启高度，在三维虚拟仿真环境中，对水闸闸门按照单孔开启、固定成组或自由编组开启、全部开启等方式，对水闸枢纽的日常调度工况进行三维动态仿真，系统与工程实时监测数据库相连，根据工程实时监测数据库中对水闸闸门和水库上下游水位的监控信息，对水闸的运行状态，水闸上、下游水位高度进行三维实时动态显示。虚拟现实还可以用于水利工程的智能优化调度。通过与工程智能优化调度系统相连接，并根据智能优化调度模型计算得到的水闸闸门调度结果数据，查看水库未来时刻的预期入库流量、预期库水位、预计水闸下游水位等数据。根据智能优化调度计算得到的未来时刻闸门开度和水库上下游水位数据，在三维仿真环境中，三维动态仿真闸门开高和上下游水位，采用粒子系统模拟开闸泄水的流态。

7.4 培养能源安全新思维

能源是人类发展永恒的需求，能源生产活动过程中频发的安全事故对安全生产工作及资源和环境提出严峻挑战。利用 VR/AR 可以对事故现场进行模拟、对生产安全风险进行评价、设计逃生路线等，虚拟现实和增强现实技术的出现为保证能源安全生产提供了新思路。

7.4.1 完美还原安全事故现场

时光穿越：事故场景重现

应用计算机绘图和虚拟现实技术可以快速有效地以一系列三维图像在计算机屏幕上实现事故场景重现（accident scene reproduction，ASR），事故调查者可以从各种角度去观测、分析事故发生的过程，找出事故发生的原因，包括系统设计和现场人员的动作行为，防止类似事故再次发生。同时通过交互式地改变 VR 模型中环境的参数或状态，从而找到如何避免类似事故发生的途径和注意事项。例如，波兰开发商 The Farm 51 公布了一个正在开发中的项目“切尔诺贝利 VR 计划（The Chernobyl VR Project）”，该项目将通过扫描当地场景并利用 3D 技术，重新再现已经被废弃多年的切尔诺贝利核电站及附近的普里皮亚季。该项目的最终成品能够让玩家通过 VR 设备以第一人称的视角亲身体验这座废弃之城，感受核爆之后的凄凉。

逃出火海：火灾动态模拟器

利用虚拟现实技术可以对火灾进行模拟，根据影响人员安全疏散的参数，如烟气层高度、温度、能见度、有害气体体积分数等，确定巷道内火灾对人员构成危险的条件。火灾动态模拟器（fire dynamics simulator，FDS）是美国国家标准研究所（national institute of standards and technology，NIST）建筑火灾研究实验室开发的模拟火灾中流体运动的计算流体动力学软件。该软件重点计算火灾中的烟气和热传递过程。由于 FDS 是开放的源码，在推广使用的同时，根据使用者反馈的信息持续不断地完善程序。因此，在火灾科学领域得到了广泛应用。火灾中的高温和烟气是威胁人员安全的主要因素，FDS 模拟可以得到井下各巷道内温度与烟气层等参数的变化规律。

体验危险：瓦斯爆炸模拟

瓦斯爆炸是煤矿重大恶性事故之一。瓦斯爆炸过程中会产生高温高压冲击波，并放出大量有毒气体，破坏后果极其严重，给国家财产和人民生命安全带来极大威胁。以往对瓦斯爆炸的研究多是根据一定的理论和现场实际情况，建立相似模型，进行相似模拟实验研究。这些方法具有一定的优点，但也存在许多缺陷，如进行实验模拟需要大量的资金和实验设备，且爆炸过程中具有很大的随机性，尤其在煤矿井工开采中，井下场景复杂，瓦斯爆炸的影响因素众多，实验模拟十分困难和复杂，无法进行人工干预、无法重复再现等。应用虚拟现实技术是弥补和完善上述不足的有效途径之一。应用虚拟现实技术模拟井下场景和瓦斯爆炸过程，不仅投资少、安全可靠、可重复操作，还可以充分利用信息技术的优势对矿工、救护队安全培训提供全新的手段。这对于加强煤矿瓦斯爆炸的研究，预防瓦斯爆炸事故的发生和促进煤矿安全生产具有重要的意义。

7.4.2　稳若磐石保障安全生产

安全预警：精准评价生产安全风险

风险评价已成为现代能源生产管理日常工作的一部分。计算机绘图和虚拟现实技术的发展为风险评价提供了一种新的、更有效的手段。应用计算机生成某一个工程作业的虚拟环境，它可以交互的方式从任何点进行观测，这样就由计算机替代了本来由人工进行的识别工作，这一技术被称作“智力放大”。用户就不必花费太多时间去想象发生的情形，而是把更多的“智力”集中用在手头的工作上。英国诺丁汉大学人工智能及其矿业应用研究室的研究人员已经开发出一系列的虚拟现实模型，如露天矿单斗—卡车作业系统、矿井开采系统模拟模型等，通过应用 VR 技术辅助识别和评价所研究对象（如设备、人员）的风险状况，从而得出更客观的风险评价。

环保卫士：准确定位环境风险源头

环境风险源评价是能源环境安全和应急管理工作中的重要组成部分。在环境风险源评价工作中，风险源有可能发生哪些污染事故，事故发生后有可能造成的后果等信息对于风险源评价非常重要。传统的风险源评价工作多是使用数据模型进行理论计算，而现场情况往往十分复杂，因此结果的准确性有待提高。对于环保部门而言，需要对于辖区内环境风险源的性质、分布情况等有全面的掌握，但目前的环境风险源相关信息的数据或者资料往往是文字化、平面化的，环保人员对于风险源的外观、位置、可能造成的事故等信息没有直观的了解。利用虚拟现实技术，结合 GIS、污染物扩散模型，制作基于虚拟现实的环境风险源评价与管理系统，则可更好地对环境风险源进行评价，能得到更为准确而且直观的评价结果，对于政府部门而言，则可以直观地掌握风险源的位置、外观、有可能造成的后果等信息。

7.4.3 从容不迫处理应急事件

绘制生命地图：最佳逃生路径规划

采矿的工作条件、工作环境复杂多变，造成矿山应急和救援的任务比较艰巨，诸如浓烟、瓦斯、高温、巷道狭窄、光线不足等问题严重影响了应急救灾任务的执行。只有在准确、详细、及时地了解受灾状况后，才能制定科学有效的救灾方案。当矿井事故发生后，地下人员避灾撤离、抢救地下受困人员、控制危险源等都涉及最佳救灾与避灾路线规划的问题。将虚拟现实技术与逃生路径规划算法相结合，可以在矿难发生时迅速规划出被困人员的最优逃生路线及救援人员的救援路线，并且实时生成三维可视化图像，方便相关管理人员立刻确定逃生和救援方案，立即下达指令。同时在逃生和救援过程中，根据实时矿难监控数据和三维图像的更新，随时做出调整，在最短时间内让更多的人逃出灾害现场，将矿难人员伤亡率降到最低。

应急指挥虚拟实验室

电力应急指挥虚拟实验室（emergency command virtual laboratory，ECVL）指的是采用3D高仿真人机交互技术、虚拟现实技术和电子沙盘技术，充分发挥人的创新能动性和机器的逻辑计算和展示功能，通过数字化手段、三维图像显示手段，真实模拟电力应急指挥体系、电网结构和地理、交通、气象等环境，设置不同类型灾害和各类突发事件，开展贴近实战的应急推演，培训应急指挥人员的综合决策能力和协调处置能力，论证电力应急预案和救援策略的科学性和合理性，分析评估电力抗灾救灾能力和新技术、新设备的应用效率，展示灾情发展态势，建成电力应急救援培训演练中心、辅助决策中心、评估分析中心和态势展示中心。

救援仿真演练系统

应急虚拟现实仿真演练系统通过对各类灾害数值模拟和人员行为数值模拟的仿真，在虚拟空间中仿真灾害发生、发展的过程，以及人们在灾害环境中可能做出的各种反应，并在演练平台上开展应急演练。在此基础上，可以制定各种数字化应急预案等。应急仿真演练可以用来训练各级决策与指挥人员、事故处置人员，发现应急处置过程中存在的问题，检验和评估应急预案的可操作性和实用性，提高应急能力。同时，在三维环境中模拟现场事故实景，可以设定现场抢修人员、消防人员、环境监测人员等不同的职能人员，在虚拟现实环境中演练事故处理程序和相互的配合。通过模拟部分常见的事故，观看事故的发生、发展过程，分析和找出控制事故，防止继发性连锁事故，减小事故损失的方案和办法，设计和制定应急预案，检验应急抢险方案的操作程序和步骤。例如，对有毒有害气体的泄漏、压力容器、储罐、管线的爆炸等危险场景进行模拟，科学地计算模拟有毒有害气体泄漏时，气体扩散范围与时间、环境、气候的关系，教育人们如何防范、逃生，以及如何正确使用有效的防护方法。

第八章

VR/AR 新零售：颠覆传统模式的变革

与传统零售相比，新零售更加关注消费体验，营造消费氛围和注重消费互动。从开放式服务创新入手形成体验式消费场景，注重同消费者建立长期的合作关系，通过应用云计算、大数据、VR/AR 技术等管理产品、消费者等，追求全渠道、无边界的合作与多方互利共赢。VR/AR 技术的出现，不仅为零售商们提供了机遇，还丰富了消费者的购物方式：场景化零售利用 VR/AR 技术打造数字化营销空间，使商场和品牌活动等更具吸引力；互动性零售充分发挥 VR/AR 技术的交互性功能，构建品牌与用户相互对话的新沟通环境，助力品牌与消费者建立情感连接；体验式零售打破时间和空间的限制，让消费者得到身临其境的体验，深刻了解产品的性能和优势；智慧化零售利用 VR/AR 技术引领生活，为生活增添新的科技元素，助力消费精细化升级。VR/AR 新零售颠覆了传统的零售模式，不仅改变了商家的经营理念，而且冲击了大众的消费观念，带来一场零售业变革。

8.1　场景化变革：创建营销新空间

8.1.1　终端影响力

场景亲和力

数字化场景（digital scene，DS）是对场景化营销的有效量化，是利用数据和工具精准识别场景中的目标客群、产品／服务、触达渠道和服务的一种营销策略。VR 的魅力在于它能为消费者创设数字化的购物情境，从而让营销逐渐渗透到大众的生活场景中，从而使数字化场景更具亲和力，进一步刺激购物欲望。渗透是数字化场景营销的本质，通过场景的打造能拉近品牌与消费者的距离，有助于增强场景的亲和力，从而提高品牌的渗透性。法国奢侈品牌迪奥推出一款名叫“Dior Eye”的虚拟现实穿戴，为消费者创设数字化场景，戴上 VR 头盔可以让消费者去时装秀后台参观，这种亲身体验拉近了消费者与奢侈品品牌之间的距离，提高了场景的亲和力。

品牌拉动力

利用 VR 技术创设的数字化活动提高了人们对于品牌的兴趣和认知，形成商品对目标消费者的一种重要的购买拉动力，从而发挥数字化消费场景应有的影响力，也颠覆了传播品牌活动的宣传方式。VR ／AR 技术的充分利用使奢侈品的品牌活动打造得更加有魅力。对时尚行业来说，消费场景真正发生改变需要渗透到日常行为习惯中，而非仅仅是一场有期限的品牌活动。BCG 波士顿咨询公司在一份报告中指出，奢侈品品牌对于接触并挖掘手机端和网页端的消费者的需求越来越高了，将近三分之二的奢侈品品牌都被当今数字化的浪潮深深影响。江诗丹顿通过 VR 技术打造数字化场景，该品牌晚宴的场地布置以钟表 12 时区为创意，通过 VR 技术让贵宾置身于美轮美奂的视觉盛宴，认识品牌腕表的典雅瑰丽。

客户链接力

数字场景化零售还可以在商家与客户之间形成强大的链接力，在 VR/AR

技术打造的数字场景化的商业模式下，可以使目标消费者充分感知商家对自身需求的洞察，感受到商家的细心、温度、爱心，从而让消费者和商家形成一种更好的信任关系，进而融合成一种高黏性的链接关系。线下的商场数字传播很多运用了 VR/AR 技术，推动商家与目标顾客的链接，同时为线下娱乐带来了很好的发展契机。很多品牌将 VR/AR 这一链接力工具运用得恰到好处，BRANDX 与美国国家地理合作，利用 VR 技术，将数字化的深海世界搬进商场，向消费者展示海洋真实的魅力，提高商场对于消费者的链接力和吸引力（图 8-1）。

图 8-1 BRANDX 与美国国家地理合作的深蓝之境海洋体验展

资料来源：http://k.sina.com.cn/article_2784472192_va5f7ac8001900hq5d.html。

消费注意力

哥伦比亚大学吴修铭教授认为："争夺注意力是一切商业行为最底层的逻辑，只有理解了如何争夺注意力，才能抓住现代商业竞争的本质。" 在既定的流量渠道中，利用 VR/AR 技术能够通过创设数字化场景真正吸引消费者的注意力，提升触达效率，并顺利引导从"感知—理解—决策—执行"的消费行为。商家不断探索新的开采注意力的手段，欧莱雅旗下品牌羽西则通过 AR 技术找到了争夺注意力的法门。羽西举办的品牌新生盛典充分利用 AR 技术，可谓赚足了眼球，AR 滑轨屏生动地展示提取灵芝成分的流程，这种具有动态感的视觉元素充分吸引了消费者的眼球。

8.1.2 营销价值

沉浸式主题展

线下主题式场景逐渐成为购物中心常用的吸客方式，其中，IP（知识产权）沉浸式主题展是一种最典型的主题式场景。IP 是一种无形的智力成果权、独特识别物。哈利波特系列、机器猫都是大 IP，植入商业领域的 IP 与 VR 技术结合，打造主题式场景，是商业的核心亮点、细分到极致的特色产业，具有很强的营销价值力。购物中心引进各类 IP 进行主题展渐成潮流，不管是动漫 IP、影视 IP、艺术 IP，都能吸引到特定群体，都能在短期内提高商场话题度并为其带来更多客流。为了引进新的娱乐形式，让地缘外的客流量增加，杭州银泰商场为消费者打造了机器猫 VR 主题式场景。机器猫 VR 沉浸式主题展基于影视、漫画等 IP 为创作蓝本，在体验中通过 VR 技术让粉丝深度参与，用户在这里成为故事本身，也更愉快、更自由地完成了消费，这更类似于将线上游戏的付费包搬到了线下。

与文化和娱乐的融合

“互联网 +”“文化 +”和“娱乐 +”的三大定位决定了未来购物场景的整体走向与前景。互联网 + 时代，购物场景与文化和娱乐有效整合、精准对接已然成为世界性风潮。利用 VR/AR 技术将文化的灵魂和娱乐的趣味性注入营销场景中，使场景的营造具有事件依托，从而形成一种具有持久性的、深入性的新的营销思路。上海购物中心举办的安徒生童话 VR 活动依托国外经典童话故事，使书中的童话形象以 VR 技术、3D 全息投影等技术、形式出现在展厅，具有丰富的娱乐性和趣味性（图 8-2）。

图 8-2 VR 安徒生童话使活动更加兼备娱乐性与趣味性

资料来源：https://www.sohu.com/a/85317536_391514。

匹配需求的商业空间

商场运用 VR/AR 技术将场景与商业结合在一起，打造出一种独具亮点的商业空间，开创了商业空间的新格局。商业持有者正在由房东思维转变为场所思维来经营商业项目，即不着眼于眼前快速的商业回报，而是匹配消费者的精神需求，先做一个对消费者有吸引力与文化认同感的商业空间，使其成为城市中能引起共鸣的、有归属感的目的地，成为具有情感内涵、场景体验、生活情境的公共人文艺术体验空间。在这样的前提下，才能从做内容或做产品的角度打磨一个真正有价值的、匹配时代需求的商业空间。北京金融街购物中心利用 VR 技术将商业场景融入空间，打造一种匹配消费者需求的美好生活体验，通过生活化场景的艺术性打造，为消费者提供了一处心灵栖息地，通过场景构建记忆认同及情感信任。

自主裂变式传播

在传播手段差异化的时代，抓住内容便抓住了品牌传播的核心，好的内容可以引发传播，商家只需尊重用户心理，做适当引导，顺势而为，传播就会自然地展开。但往往单一宣传手段的力量较为薄弱，懂得利用新技术才能在不断优化的内容中拥有更强有力的传播效应，进一步形成自主裂变式传播。自主裂变式传播要求商家科学规划从预热、引爆、扩大到转化整条传播链，在不同的节点选择最恰当切入点。世界知名烈酒厂商 Patron 以其产品制作全流程为切入点，借助 VR 技术，为消费者打造贴近自然的艺术化工业场景，利用消费者的口碑宣传引发自主裂变式传播。

8.2　互动性变革：激发需求新动机

8.2.1　双向对话渠道

角色切换

增强现实技术最大的优点就是能与消费者产生互动，通过互动取悦消费者，打通品牌与消费者的双向对话渠道，实现消费者的角色切换（role switching，RS），从而促进消费。AR 广告的出现使用户的角色发生了变化，用户由信息接收者变成接收者、参与者、反馈者 3 种角色，且对信息的控制更主动，他们会主动接触广告信息，当遇到富含趣味性和表现力的 AR 互动广告，他们则会主动参与和反馈。可口可乐英国公司把可乐瓶身变成了一个音乐播放器，用户变成了主动参与者，扫描可乐罐包装，就能收听歌曲。百事可乐推出 emoji 表情 AR 罐，通过 QQ 中的 AR 功能可以打开不同类型的表情动画，让用户变身广告的反馈者。

互动效果：控制感和现场感

相比传统营销，应用了 VR/AR 营销的表现形式更加新颖、多样，富有趣味性。互动功能带来的控制感和现场感，能使用户对品牌的内涵与服务留下更深刻的印象，有利于品牌形象的塑造和直接购买行为的产生。常见的手机端 AR 营销还限定在图片、动画这些二维元素框架中，而奥利奥联合支付宝、亮风台推出的营销活动已经融合了产品与游戏，消费者利用产品可解锁不同的 AR 游戏，在互动中增强了消费者的控制感和现场感，并创下了有史以来的零食榜单销量第一的好成绩。基于 AR 游戏的营销可以看作 AR 营销的转折点，在新技术红利逐渐消失后，营销再次回归创意的比拼，而AR提供了释放创意和增强控制感、参与感的有效方式，在消费升级、新零售中，AR营销将发挥更深远的价值。

沟通新环境：用户情感关联

传统营销往往与消费者之间的关系为广告诉说、顾客倾听，消费者与品牌之间缺乏感性的交流，而借助VR/AR技术，品牌可以通过互动与消费者建立起更为感性和深度的关联，形成用户情感关联（user emotional relevance，UER）。VR/AR互动能让用户感知品牌，体验品牌的一切，从而建立更深的品牌情感连接，这种互动营销构建品牌与用户相互对话的新沟通环境，加深用户对品牌的深入认知和情感联结。可口可乐利用VR技术在波兰创造了一场华丽的虚拟雪橇旅程（图8–3）。通过使用Oculus Rift，人们可以在虚拟现实的世界里扮演一天的圣诞老人，驾驶雪橇车穿越波兰，VR创造的真实感使品牌出现在消费者的生活中，并融入消费者的情绪中，引起消费者的情感共鸣。

图8–3 可口可乐虚拟雪橇之旅

资料来源：https://image.baidu.com/search。

8.2.2 打破线性传播模式

从自主传播到多次传播

增强现实型广告通过与消费者互动调动其主动分享的积极性，从而形成自主传播，这种自主传播打破了传统广告的线性传播模式，让广告信息层层扩散，带来广告信息的二次及多次传播，增强了广告的传播效果。广告主也不再仅仅是信息的传递者，他们可以随时接收用户的反馈并及时采取相应行动。全球闻名遐迩的迪士尼自带感染力和传播力，一大群辨识度极高的卡通形象成为最好的增强现实素材。在迪士尼米老鼠 83 岁纪念日期间，曼哈顿街头出现了形形色色的动画形象，行人站在贴有 AR 标记的地板上可以与这些经典形象互动，人们通过拍照分享的方式，达到了层层传播的效果，这种自主传播增强了广告的扩散效应。

突破营销时空滞后性

广告传播的终极目标从来都是提高产品与服务的销售额，传统媒体广告由于其媒介属性，对消费者的购买行为的影响往往存在着时空上的滞后性。即使广告激起了用户的购买意愿，却可能因为时空等因素而无法立即采取行动，随着时间流逝，用户的购买意愿逐渐降低。移动互联网及信息技术的迅速发展改变了传媒生态环境和用户的媒介接触习惯，广告的传播方式也随之改变，在此背景下，结合了 VR/AR 科技和创意，使用户深入参与的互动广告应运而生，突破了营销的时空滞后性（time-space lag，TL）。在运动品牌耐克推出的 VR 互动广告中，消费者可以直接点击广告中的图标，以购买服饰，将消费者的购买意愿直接转化为消费行为，突破传统营销的时空滞后性。

8.2.3　社交网络互动

社群营销

新零售借助 VR/AR 技术为传播信息赋予社交属性，通过消费者之间的交流合作方式使信息扩散。创新的 AR 营销方式在社群中容易形成狂热化的传播效果，促成品牌和用户的连带式交互，形成社群营销。当 AR 营销与消费者发生紧密联系之后，自然就形成社交热点，自发带动品牌营销的二次开发。星巴克在上海推出全球最大 AR 咖啡烘焙厂，使用 3D 物体识别技术，在店面中的十几个关键位置隐藏 AR 线索，顾客使用 AR 扫描功能，沉浸式探索“从一颗咖啡豆到一杯香醇咖啡”的故事，了解咖啡文化。星巴克的 AR 营销实现了全流程融合的互动性零售，让 AR 作为一种工具渗透在各个环节中，增加内容的丰富度。

社交互动营销

增强现实型的互动营销助力营销界的科技升级，各大品牌开始其特有的借势，利用社交平台进行社交互动化的新型营销。增强现实型的社交互动营销一改广告的被动局面，用户不但不抗拒广告，反而纷纷打开手机，扫描图标，乐此不疲地参与到互动中来，这对于品牌营销来说是颠覆性的变革。作为有史以来最大规模、创下吉尼斯世界纪录的增强现实型社交互动营销，腾讯推出的“QQ-AR”传火炬活动在互动性上的创意可圈可点，在营销中融合社交、参与感、新技术，再加上奥运会的热点效应，引爆了传播，全球超过 1 亿人参与，创下了新的吉尼斯世界纪录。之后，支付宝、天猫、京东等 APP 相继增加 AR 功能入口，使之成为营销的新标配。

社交分享＋零售

“社交分享＋零售”模式与传统零售与线上零售不同，其营销策略不再被动，而可以依赖社交网络来主动制造口碑传播。具体而言，零售商以线上折扣的相关活动、游戏、VR/AR 新技术等为传播点，以新浪微博、腾讯 QQ、微信、Facebook 和 Twitter 等社交工具作为媒介来进行社交分享，并为会员顾客搭建社交分享资源。Facebook 创始人扎克伯格曾说过，未来，人工智能、AR、全球互联网将成为社交的核心，AR 技术将在 5 ~ 10 年内成长为最强大的社交平台。在大众化 AR 产品中，以美图、Snapchat 为代表的 AR 特效相机的影响力足够广泛，在人脸部增加各种萌酷效果进行拍照成为一种自拍潮流。美图系列产品及各种直播产品中，AR 技术应用已经普遍化。美图在社交中增加了更多娱乐属性，对于营销行业来说，这种强社交、强娱乐、高黏度的 AR 营销也将成为主要进攻方向。

8.3　体验式变革：跨越传统购买边界

8.3.1　虚拟试用体验

虚拟体验

虚拟体验（virtual experience，VE）有现实与虚拟的二重性，真实与虚幻、临近与遥远在虚拟体验中戏剧性地得到了整合，虚拟体验因其非现实、不在场的特点，使得它超越了在场体验的各种弊端，表现出相对于真实体验的诸多优势。越来越多的品牌将 VR 技术应用于汽车营销服务中，消费者可以通过 VR 技术获得更佳的购车体验，更有效地选择一辆自己喜欢的汽车。消费者不仅可以通过 VR 技术虚拟体验车辆的各种行驶状态，还可以通过虚拟体验看到汽车的内部结构设计，对自己将要购买的汽车有全面的体验和认识。沃尔沃成为首个用 Google Cardboard 做营销，提供虚拟试驾的品牌，在推出新车型 XC90 时，发布了沃尔沃虚拟现实试驾体验，用户可以360度无死角地虚拟体验沃尔沃的新车。

试衣魔镜

利用 VR 技术的试衣魔镜（fitting magic mirror，FMM）能让顾客走进本是虚拟的画面中，让虚拟现实化。当消费者站在试衣魔镜前时，装置将自动显示试穿新衣以后的三维图像，消费者不用脱衣也能换装。试衣魔镜利用 VR 技术提供虚拟试衣、体型调整、试衣图片分享等功能，能够根据消费者的身材和体态推荐更精准的服装，让消费者买得放心，穿得舒心（图 8–4）。俄罗斯的高街时装品牌 Top Shop 在自己的店中安装了这款试衣魔镜，俄罗斯的消费者们成为率先体验这一高新科技所带来的便利的受惠者。此外，亚马逊推出一项叫作“魔镜”的 AR 专利，能够通将服装“套”在用户在手机中的镜像，以方便用户挑选服装。

图 8-4 试衣魔镜实现了虚拟试衣、体型调整和试衣图片分享等功能

资料来源：https://image.baidu.com/search。

8.3.2 线上线下体验

人脸识别技术

AR 技术通过调用前置摄影头可应用于人脸识别，在将人的面部特征、细节等相关信息收集，让用户在沉浸式购物体验中，获得自我展示的机会，与品牌商产生紧密联系。很多商家致力于用 AR 技术打造线上和线下全新的购物体验，通过人脸识别技术为消费者创造购物的新鲜感和乐趣，用体验式购物方式进一步提升消费感受。京东发布了 AR 试妆镜等 AR 硬件产品，为全面开启 AR 线下体验赋能。应用了人脸识别技术的 AR 试妆镜让消费者能够快速、安全地尝试所有海量彩妆产品，大大提升了消费者的购买乐趣。另外，美图公司研发了面部识别技术，可进行人脸检测、人脸关键点检测和人脸属性分析等，搭配 AR 技术，构建出不同应用背景的图像生成模型，可根据用户上传的自拍照，为用户画出不同风格的插画像。

虚拟体验 + 实体服务

VR 技术与旅游业结合越来越深入，“虚拟体验 + 实体服务”深度结合的旅游方式逐渐面市，市民的旅行习惯开始改变。传统的门店服务与虚拟体验相结合改变了旅游者选择目的地和产品的习惯，以及门店的售卖和服务方式。无体验不消费，只有体验了，顾客才能更好地做出决策，才有消费冲动。虚拟体验与实体服务相结合的最大价值就是使信息变得透明，打消了信息不对等的局面，给用户带来极大的方便和多重选择性。携程推出了“VR+ 旅游”服务，全国携程实体门店提供全景 VR 旅游体验，让游客足不出户即可自由穿梭在世界各地，轻松挑选自己满意的旅游产品。携程平台上的度假产品也与线下 VR 实景旅游结合，成为视觉化的旅游产品，顾客可以戴上 VR 眼镜，参观实景后再挑选下单，消除了信息不对等的状况。

8.3.3　精准定向体验

零距离亲密接触

媒体的不断改变使品牌的定向传播遇到了很大的难处，甚至品牌公众号的文章分享都不再有足够的影响力，只有占领移动终端，通过 AR、VR 等新技术的应用，打造出精准定向的体验，让品牌与消费者实现零距离亲密接触，才能够让消费者产生兴趣。当消费者真正融入定向化体验后，再通过朋友圈的分享、朋友的推荐等，使得品牌能快速准确地获取精准人群。当众多奶粉品牌都在水深火热地打着好奶源概念时，荷兰美素佳儿却已经走在时代的前沿，通过 VR 营销带来定向体验，让目标消费者与好奶源发源地荷兰自家牧场实现零距离 360 度亲密接触，真正实现好奶源看得见的宣传效果。

粉丝效应

粉丝效应实质是一种口碑效应，当一位明星拥有足够数量的粉丝群体时，他为某家企业代言就会由于粉丝心中形成地良好形象而吸引众多粉丝前来购买，从而，会大大地增加代言产品的销量。VR+ 新零售加入了明星元素，实际上就巧妙地利用了这种粉丝效应，达到促销产品的终极目的。而当粉丝在 VR+ 沉浸式体验的同时，产品广告的植入及明星的导购都自然而然地发生了，粉丝们在愉悦甚至兴奋的心境中，购买或收藏产品，进而品牌记忆与爆发式的销量增长同时发生。如宝洁和阿里VR实验室，在“520表白日”联手推出的VR短片《我的VR男／女友》，让粉丝与明星接触亲密无间，自然就达到了预期的广告效果，将产品体验提升为产品营销，将触达转化为销售就是成功的一例。

VR+沉浸性：让欧莱雅的“勇气”名副其实

VR+给消费者带来有别于传统模式的新鲜感和刺激感，勾起消费者的猎奇心态，从而进一步刺激消费。让消费者记住产品的名字并不困难，但是让消费者不知不觉中记住产品并且留下最深刻的印象却不是一件容易的事，这就是体验式营销诞生的实质性原因。VR+沉浸性可以在极短时间内让消费者记住产品，这就满足了体验式营销的要求。产品定位是体验式营销中最优先考虑的因素，如何借助VR+讲好故事、更好地体现品牌精神是整个产品体验的核心。欧莱雅就曾经通过非常刺激的VR+虚拟高空体验来推广一款名叫“勇气”的香水，虚拟高空体验完美契合香水主题，用户必须鼓足勇气，沿着虚拟墙壁走过各种障碍，最终才能得到香水。欧莱雅的VR营销案例胜算在于“逼真”，其内在的营销心理逻辑是“用户对这一过程有多害怕，最后对香水的印象就会有多深”。

8.4 智能化变革：体验智慧新生活

8.4.1 智能旅游

AR智能导游

AR智能导游功能为游客带来最具科技感的出游体验，用户只需在景区打开手机，定位后点击导游按钮，就可以进入语音讲解模式，实现实景导览，让科技感出行精细化升级。AR智能导游可以融汇空间成像和图像识别技术，即时提供景区内导览服务。无论是人文景观还是生态风貌，游客都可以使用移动设备端扫描眼前的景点识别图，通过启动AR应用系统服务器端识别和捕捉标志物的具体位置，在屏幕终端观察园方设计制作好的虚拟合成模型，接收现实景色中无法呈现的故事化信息。北京理工大学借助 AR 技术完成了圆明园景区的数字化复原，在原地重现已经损毁的圆明园历史古迹，将古今景点状貌交织相融，增强游客对景点文化氛围与历史意蕴的感知。

虚拟现实滑索：更刺激的体验

虚拟现实滑索（virtual reality zip line，VRZL）将 VR 技术与极限运动相结合，力求为游客提供更高、更刺激、更智能的滑索体验。用户站在高悬的山顶，穿越狭窄的河谷，在湍急流水的百米上方，就着绳索飞速而下，甚至能感受到两侧的峭壁几乎与自己擦肩而过，充分享受升级版的极限运动带来的刺激感。在阿联酋拉斯海马酋长国哈贾山麓距地 1500 米的高空中，有一项 VR 滑索项目，是目前世界上最长的滑索体验，让游客以约 160 km/h 的速度完成 2.83 千米的 VR 滑索体验。玩家在全程体验中，将跨越阿联酋最高的贾伊斯峰，感受独特的荒漠之旅。

增强现实明信片

增强现实明信片在传统明信片的基础上，植入 AR 技术，用户通过扫描明信片上的二维码，下载并安装客户端，即可通过 3D、音频等组合方式，动态观看明信片内容。AR 明信片将创意与 AR 技术结合，让明信片更富有表现力，以更新颖、便捷的方式宣传本地非遗文化，是一种智能旅游纪念品。AR 明信片能与人产生文化共鸣，不可被手机里的图片和视频取代，可以给收明信片的人带来惊喜，增进双方的情感交流，让越来越多的年轻人爱上明信片。国内的许多景区都推出了 AR 明信片，佛山非物质文化遗产保护中心发布的 AR 明信片就是一种典型的嵌入 AR 技术的旅游纪念品，AR 使原本静态呈现的艺术符号变得灵动鲜活起来，成为连接线下实体传递和线上虚拟传播的两个传播场的桥梁。

8.4.2 智能家居

家具比选：从二维到三维

通过增强现实技术能够帮助消费者在购物时更加直观了解产品信息，为消费者提供理性的购物选择，并带来接近真实的购物体验，从而使家居比选的过程更加智慧化。瑞典家具家居用品品牌宜家的 AR 应用 IKEA Place 支持消费者在购物前，把与真实商品同规格的产品放在指定位置，以预先体验产品的匹配度（图 8–5）。宜家采用的这种方式与目前二维图片、视频等网页信息相比，可说是一次向智慧零售迈进的一大步，是零售模式从二维到三维的有益尝试。此外，亨得利 AR 手表、上汽通用 AR 看车等体验也可圈可点，从场景角度，家具产品明显更具有虚拟想象力，由于顾客的居住环境、风格差异大，个人喜好有很大差异，高效的商品比选方式更有助于消费方式的升级。

图 8–5　宜家 AR 体验

资料来源：https://image.baidu.com/search。

智能家居：向智慧家装延伸

虚拟家装给消费者带来了全新的装修设计方式，用三维仿真场景构建未来房屋的空间，通过控制 VR 手柄在虚拟房子中尽情享受装修的乐趣，让家居装修更加智慧化。作为 VR 的好朋友，AR 技术也已经开启 AR+ 模式，成功进入家居装修行业，为消费者的装修增添新的科技元素。AR 与 VR 很大的一个差异就是 AR 能够与现实无缝结合，把人们想象中的东西呈现在现实场景中，让家装设计更加接近现实生活。AR 家装系统可以让用户在实际场景中进行家居布置，系统通过设备的摄像功能获取现场的影像，1∶1打造家居场景，从设计方案到家具摆放都能完美实现，让用户了解各种设计方案的实际效果，实现硬装、软装、家具、家电的全面装修体验。

第九章

VR/AR 新媒体：推动传播思维变革

VR/AR 技术与传媒方式的融合创新，不仅为用户带来沉浸式、互动式的交流和更加个性化、共享性的体验，而且促进了媒体传播在速度、品质和客观性的进步，显著地提升了传媒行业总体市场竞争力。沉浸式体验增强用户的临场感、让用户感同身受，互动式交流打破了时空限制、赋予用户很强代入感，个性化体验增强了用户的自主感，而共享性体验则让用户感受社交网络和社交媒体的魅力，这反映了当今传统媒体向新媒体转型思维变革的现实。应该注意到，作为行业风向标的国内大型新媒体企业，在 VR/AR 技术上的投入逐年加大，这就意味着传统媒体业的发展前景与 VR/AR 进步与发展紧密相连，重新塑造了新传媒。

9.1 沉浸体验：身临其境参与感

9.1.1 全景沉浸体验

第一现场：虚拟现实全景视频

虚拟现实全景视频（virtual reality panorama video，VRPV）应用在新闻

报道上，可以让观众有如身处第一现场，更真切、清楚地了解新闻现场。在VR技术的支持下，新闻的呈现不再仅仅是叙事那么单一，新闻也不再简简单单地是一种浅层的信息传递。VR新闻被赋予了新的意义。新闻中的每一个点、每一个事件被激活，无数的点和事件也就构成了一幅立体的画面，这种立体的画面也就是新闻事件的多维呈现。用户仿佛沉浸于新闻事件之中，他们随着新闻事件的发展而发展，他们感受着新闻当事人在新闻发展的不同时间段所经历的心路历程。就这样，用户也成了当事人，也成了新闻事件的开发挖掘者。2015年牵动了不少人的心的深圳滑坡事故，就应用了VR全景视频。新华社制作的VR新闻作品《带你“亲临”深圳滑坡救援现场》通过比文字和图片更有震撼力和冲击力的方式来进行报道，几乎现场重现了整个灾难发生前后及灾后救援的真实场景，也更容易被受众铭记。

多感官刺激

在以往的新闻报道中，受众通常以旁观者的身份阅读新闻内容，很难感受到新闻内容所描述的真实环境及气氛。而VR新闻则带给受众很强的沉浸感和多感官刺激。VR新闻带给用户的体验感十分强烈，在VR视频中，用户在戴上Cordboard眼罩后，只需做抬头动作就能感受到逼真的场景。有关世界难民生活的VR新闻报道《流离失所》将观众置于饱受战乱摧残的地方，目睹居民流离失所的生活，采用多感官刺激的方法来增加观众的沉浸感。借助VR技术，能够使用户在短时间内感受到不同的环境，为用户提供一种宅在家中就能走遍全世界的新体验。

沉浸式报道

沉浸式报道的核心是构建新闻报道的虚拟场景，使用户有机会沉浸到报道现场的环境中，让用户更有触碰欲望。与现在网络直播和移动直播平面化的特点相比，VR沉浸报道将让扁平的图像变得饱满和丰富。身处逼真的情景中，用户的兴趣和互动欲望也将提升，最终实现报道质量的升级。新形式、新技术给用户带来前所未有的沉浸式体验，丰富受众获取新闻信息的方式，做到跨越时间、空间局限，拉近了受众与新闻报道的距离。2019 年全国两会上，央视网将 VR 全景技术贯穿于两会全程报道，让网友沉浸式体验两会现场，全景式感受新时代中国的发展变化。《全景沉浸看报告》在 VR 实景视频的基础上，在真实场景中糅合三维动画，对政府工作报告进行生动、具象的可视化展现。

9.1.2 多维叙事核心

临场感：观众化身电影主角

由于 VR 的终极目的是完全接管人体所有的感知器官，然后通过计算机模拟的方式去反馈，让用户具有强烈的沉浸感和临场感，因此，它具备这种沉浸、临场的媒介特征。在部分人的眼中，VR 电影就是意味着有比 3D 电影还要逼真的荧幕画面，但其实这还只是 VR 技术的一部分。VR 技术让使用者可以随意选择视角，可以在虚构的故事场景中通过变换位置进行移动、360 度的视觉呈现，能够实时地与场景中的构成元素交流，从而进行游戏化 VR 体验。Fox 根据《火星救援》电影推出了一段约 20 分钟的火星救援 VR 体验，其中的游戏环节让观众参与其中，增强观众的临场感，让体验者也能化身电影主角（图 9–1）。

图 9–1 《火星救援》VR 体验

资料来源：https://www.leiphone.com。

故事空间感：斯皮尔伯格的世界

VR 电影第一人称视角 720 度 (上下左右各 360 度) 的全景感空间 (panoramic space，PS) 与现代主流电子游戏极为相似，能为用户带来全景感，使用户产生类似于现实空间的审美感受，从而增强影视作品的故事空间感 (sense of story space，SOSS) ，因此，VR 电影与游戏的关系越来越密切，VR 影视游戏化逐渐成为一种新趋势。造梦大师斯皮尔伯格带领观众进入到一个反乌托邦式的全景感空间：现实社会萧条颓败，VR 成为人们生活中不可或缺的组成部分，抢夺虚拟世界的控制权成为第一要务。身处于贫民窟的男孩在 VR 游戏领域却是当之无愧的头号玩家。在《头号玩家》中，游戏的融入使电影情节的空间感更强烈 (图 9–2) 。

图 9–2　电影《头号玩家》

资料来源：https://www.sohu.com/a/227539550_100095143。

9.1.3　历史再现

虚拟数字建模：虚拟全息再现经典

将 VR 技术应用于演唱会彻底改变了传统的娱乐方式，观众通过 VR 设备和网络直播即可观感现场体验，解决了现场票数不足的问题，只要戴上 VR 头盔，一切就能近在眼前，观众能充分体验真实感。随着 VR 体验有了新升级，虚拟人技术与 MR 技术混合成环绕式布景舞台化，成为虚拟人全息技术，能使观众直接穿越到那个时代感受偶像歌声经典再现的演唱会，实现虚拟全息再现经典（virtual holographic reproduction of classics，VHROC）。通过数字王国顶尖的虚拟人技术，华人巨星邓丽君再现舞台，为观众营造360度超沉浸式体验。这项技术主要通过好莱坞顶级视觉特效三合一技术，即“虚拟数字建模 + 实时动作捕捉 + 沉浸式舞台体验”结合，以全息影像的呈现方式重现邓丽君的优雅神韵。

Vicon 动作捕捉：走进恐龙世界

动作捕捉技术（motion capture techniques，MCT）是指记录并处理人或其他物体动作的技术。由于 VR 相较于计算机和手机等终端，提供了其他设备难以比拟的身临其境的在场感，这种感觉会使用户忘记设备本身，本能地使用现实中习惯了的交互方式，所以多家 VR 头显厂商都配合设备本身，应用动作捕捉技术，试着提供更自然的交互手段，包括头部位置和转向追踪、手部基于体感的控制器，甚至还有识别面部表情的感应器等，使用户具备丰富的情感表达能力，从而增强用户的沉浸感。英国的 Vicon 公司是全球顶尖级动作捕捉大师，也是全球唯一达到跨行业多应用的动作捕捉综合服务商，因其高精度的数据效果，Vicon 动作捕捉经常用于商业用途，如电影、游戏、动画等传媒娱乐方向。《侏罗纪世界》VR 体验应用了 Vicon 动作捕捉技术，可以让玩家突破虚拟的第四面墙，通过动作捕捉技术让玩家得到真正的沉浸式体验，给玩家带来精彩的 VR 侏罗纪世界（图 9–3）。

图 9-3 《侏罗纪世界》VR 体验

资料来源：https://36kr.com/p/5073377。

9.2 互动交流：不再是“旁观者”

9.2.1 交互式融入：VR+ 媒体的终极体验

打破时空局限

VR 技术带来的颠覆不仅是视觉成像，而更多地体现在交互方面。首先，视觉由平面变得立体、全方位，视角从固定和客观变为不固定和主观，VR 社交体验接近现实。其次，人机交互打破了时空局限，让多人社交互动成为可能。在交互方式上，VR 也提供了更好的选择，无论是运动控制器还是头部瞄准，都极大地加强了观众们在故事中的参与度。随着 VR 电影的发展，电影制作方尝试将多人互动引入 VR 电影中，让观众在观影过程中不仅可以化身电影角色，而且可以与虚拟场景中的伙伴进行社交互动。《全侦探 II》是世界上首部 VR 虚拟现实多人社交互动电影，观众进入虚拟内容中，化身侦探，在犯罪现场和同伴自由交流（图 9-4）。观众还可以在微信上分享自己“参演”的侦探特效电影，这种社交化环节的引入非常新颖。

图 9-4　VR 多人社交互动电影《全侦探 II》

资料来源：http://www.sohu.com/a/135206930_115197。

虚拟角色与虚拟直播

电视中偶尔会出现节目主持人和嘉宾以虚拟角色（virtual role，VR）的姿态，跨地域在虚拟空间的录像室进行互动直播。而对于 VR 虚拟直播（virtual live broadcast，VLB）来说，只要有一部 VR Ready 的电脑，再加上一套 HTC Vive VR 装置，要开间虚拟直播室就轻而易举了。VR 虚拟直播可以将直播主的肢体动作忠实地呈现在直播中，直播主只需要戴上 HTV Vive，拿起手柄，就可以化身为虚拟角色进行直播，还可以加入别人的直播里进行共演互动。VR 角色比手机直播 APP 更具互动性。日本推出的虚拟空间直播及交流服务 Visual Cast 可以让异地的人在同一个虚拟直播室中共演互动，直播主可以汇入自己的角色，在虚拟环境中表演，随意调校镜头角度。平台提供用于加入其他人直播的“凸机能”，而“凸”进来的嘉宾可以跟直播主一同互动（图 9-5）。

图 9–5　Virtual Cast 将直播主的肢体动作呈现在直播中

资料来源：https://www.pcmarket.com.hk。

行为交互：与电影主角共处

在电影中，与观众的交互通常是指充分调动观众的情感，以实现二者在精神世界的交互，即精神交互，而 VR 的交互则更倾向于行为交互。交互式 VR 要求参与者通过使用专业设备，用人类的自然技能实现对模拟环境内物体的可操作性和从环境中得到反馈。VR 交互式电影的核心是让观众成为故事情节中的某一个角色，参与到故事的发展过程中来。单从代入感这一点来说，VR 就拥有着无可比拟的优势。观众将会真正进入电影所塑造的世界中，亲身感受故事发生现场的氛围，而不再是屏幕外的一名看客。VR 影视是一个全新的舞台，带给观众无限遐想的空间，也带给影视创作人全新的发挥空间。首部入围奥斯卡的 VR 作品 *Pearl* 由第 87 届奥斯卡金像奖最佳动画短片导演执导，观众仿佛坐在影片中汽车的副驾驶座位，与剧中主角共处一室，其中的交互性体现为在汽车驾驶途中观众可以选择站起来从天窗往外看，还有几个剧情的触发点可以让观众选择。

9.2.2 观众自主性选择

流媒体视频技术：观众可以自主选择

当体育赛事直播首次进入世界各地的家庭时，比赛都是从单一的摄像机角度呈现的。最终，直播有了更多对镜头的操作，但是仍然由电视制作人决定观众可以看到哪些时间、哪些相机角度。流媒体视频技术（streaming media video technology，SMVT）与 VR 技术可能很快就会使电视广播制作人的角色过时，因为家中的观众将能够自主选择自己喜欢的角度来观看比赛。流媒体视频技术能实现视频的实时流式传输，消除延时，流媒体视频技术与 VR 技术不仅可以改善比赛的观看体验，还改变了队伍之间竞争方式。专业体育组织将不再需要每年向阿根廷罗萨里奥、俄亥俄州阿克伦等各地派遣球探，以寻找下一代超级巨星。相反，世界各地运动设施中的先进 VR 摄像系统将直接为队伍的总部提供现场挖掘的能力。流媒体视频技术和 VR 的强大组合将使优秀的运动员更容易浮现，因为这些创新技术让团队可以选出某位运动员所有比赛中的相关动作和训练镜头，如此一来，团队便可以发现最具潜力的运动员，并帮助他们成长为下一代体育明星。

用户 C 位：打破新闻报道的局限

“C 位”是一个网络流行语，来源于 DOTA、《英雄联盟》等游戏领域，是指 Carry 或 Center，核心位置的意思。C 位的“C”有许多种翻译，早期在游戏领域一直作为 Carry 的意思，指能够在游戏中后期担任主力带领队伍的角色。后来，“C 位”这个词更多地指代中心位置。用户 C 位（center position for user，CPFU）的新闻呈现方式把用户作为中心位，体现出良好的自主交互性。互动式传播是以人为中心的信息传播，是人性与个性的交融，是一个在客观基础上的主观创作过程。这种基于第一人称的报道样式使得受众对于获取信息拥有了极大的自主性与想象力，选择自主性强化了受众对于新闻场景的带入体验。获得 2017 年全美网络新闻奖的 VR 新闻作品《监禁之后》打破了传统新闻在时间和空间上的局限性，以用户为中心位展开报道，让用户如一个倾听者和感受者一样。观看该作品时，用户具有很大的自主交互性和探知信息的选择性，用户在新闻报道和互动中并不是出于被动的接受者地位，而是拥有良好的自主交互体验。

9.2.3 主动式参与感

观众自主权

"VR+"打破以往的第三人称的参与形式，也颠覆人们在16：9的盒子里观看的习惯，这彻底颠覆了盒子里的镜头语言，赋予观众获取信息的自主权，增强其主动参与感，这也是新媒体发展趋势带来的必然结果。传统的体育直播往往受限于线性的播出顺序，画面上只能显示一个内容，要么是比赛画面，要么是解说画面，要么是数据画面。为了给用户带来更好的观看体验，美国VR直播平台Next VR以180度的效果对体育比赛的实况进行流媒体传输，另外180度显示的则是比赛的实时统计数据图表，综合文字、数据、声音、图像，并且赋予用户获取信息的自主权，提供了最佳的观看体验。

现场目击者

VR技术能够给用户提供亲身去观看、聆听和触碰的机会，这使得用户摆脱了旁观者的位置，与此同时获得参与者的角色，他们可以参与到新闻和赛事的场景里面去，做虚拟现场目击者（virtual scene witness，VSW），提高用户的主动式参与感。用《纽约时报》一位编辑的话来说就是："你被放置在了一个场景里，近距离看着新闻的主角、看着周围的人，360度的声音环绕——你就直接来到了新闻的现场。"2016年首场美国总统竞选电视直播辩论在纽约霍夫斯特拉大学拉开帷幕，NBC与Altspace VR合作制作一个虚拟现实场景的民主广场，通过VR技术对总统辩论进行360度直播，让观众做近距离的现场目击者。在里约奥运会上，NBC推出了85小时的VR节目，对整个VR行业来说，奥运会直播绝对是VR发展史上的里程碑事件。美国大选直播再次采用了VR直播，同时支持更多的VR设备，对于VR行业来说意义更加巨大（图9-6）。

图 9-6 总统竞选 VR 民主广场

资料来源：http://m.sohu.com/a/115157222_458260。

9.3 内容体验：保持独特性与话题性

9.3.1 优化创新内容

优化内容：源于观众需求

从 VR 与新媒体的融合之路来看，尊重观众和市场正逐渐成为行业共识，制作符合观众需求的优质内容才能增强观众的融入性。VR 领域的媒体融合正从单纯的技术应用向媒体的转型深化，而优质内容则是立身之本。怎样贴近用户需求，把产品做得更优质、更有效率，真正让产品完成触达，是 VR 与媒体融合的关键问题。VR 流媒体公司 Next VR 通过对市场需求的洞察，时刻把握观众需求，为了更好地服务观众，Next VR 保持着与一流 IP 资源的合作，不断获取优质内容，单是与 Fox Sports 的合作就为其提供了广泛的体育赛事转播权，美国体育圈内大部分重量级的体育联赛几乎都纳入 Next VR 的囊中。Next VR 保障了自身内容上的独特性和话题性，毕竟媒介形式再怎么变化，内容为王始终是不变的信条。

创新内容：虚拟出版

“VR+ 出版”这一崭新的技术带来的体验颠覆了之前所有的媒体概念。VR 技术在出版领域的应用为传统出版行业带来了新机遇与新突破，一些出版社已经开启 VR 出版的全新尝试，创新了阅读模式，形成了一些富有价值的内容突破与创新。“VR+”将成为出版业发展的下一个风口，为读者带来符合需求的新出版形式和创新内容。VR 图书作为一种新技术与传统媒体的初期融合，融合领域广，VR 使图书的表达方式、呈现形式给读者耳目一新的感觉，加法变乘法。作为国内首部 VR 旅行类图书，《奇遇》完美地实现了图书与视频的无缝链接，读者只需扫描图书中的二维码，就可以观看 VR 视频，实现观看视频与阅读图书的完美结合，大大增强读者的阅读兴趣，实现创新内容与感官体验的融合。

9.3.2　提高用户满意度

新旧技术融合：VR+ 传统转播

VR 赛事直播理论上最为理想的拍摄地点应该是在比赛场地中央，但很遗憾的是，在任何一项体育赛事中，拍摄设备都不能进入到比赛场地中。而且由于技术的限制，VR 相机采取的是广角镜头，无法进行镜头变焦，所以在比赛的细节呈现方面不如传统体育直播做得完美。为了解决这些问题，为用户提供最佳体验，提高用户满意度，VR 技术与传统电视转播技术相结合，既满足沉浸式的体验，又满足用户对于细节的要求。另外，传统电视体育赛事转播经过几十年的发展，技术和流程已经非常成熟，并且针对不同的体育项目都配套了不同的拍摄设备，诸如高速电动轨道车摄像系统和索道摄影系统，经过改造后，便可装上 VR 相机进行拍摄。VR 技术与传统电视转播技术的融合，可以提高 VR 直播的画面质量，使得直播画面更有层次，从而提高用户满意度。

虚拟演播室

作为 AR 技术的一个子集，虚拟演播室技术同样涉及在增强现实中如何将虚拟的元素和真实的场景叠加在一起的问题，不过，AR 是要让最后的画面呈现在用户的眼睛里，而虚拟演播室（virtual studio，VS）则是将画面呈现在电视的屏幕上。虚拟演播室的实质是将计算机制作的虚拟三维场景与电视摄像机现场拍摄的人物活动图像进行数字化的实时合成，使人物与虚拟背景能够同步变化，从而实现两者的融合，以获得完美的合成画面。虚拟演播室系统用软件来生成背景和道具，并可以在瞬间改变场景，其空间不受物理空间限制，因此可创作出更丰富、更吸引人的节目，从而更好地满足观众需求，提高观众满意度。从2014年的世界杯到2015年的春晚，虚拟演播室在直播节目中得到应用。在2015年的阅兵中，北京电视台也采用了虚拟演播室技术，生动形象地向观众展示了中国军队装备的威武雄壮。

虚拟书店

图书本身是传承知识的载体，实体书店是传递和传播的平台。VR技术能连接人与知识内容的多种视觉形态，给读者带来全新的阅读和消费体验，将知识更为立体深入地传递给读者，提高阅读者的满意度。VR技术可以转化为吸引阅读消费者接触实体书店的入口。VR技术与书店的结合贴近读者的需求，读者在家可以游览和体验全国或全世界各大实体书店，对实体书店有最直接全方位的虚拟体验式认知，从而有进入书店的欲望。在虚拟现实的书店中，读者可以通过VR设备逛书店，并在其中实现选书、看书甚至买书的操作。通过“VR+书店”摆脱图书传统的纸张形态，让平面的读物瞬间立体、生动起来，甚至让读者“走入”书中情境。上海交通大学出版社的实体书店“阅读隧道”是一家“好书＋咖香＋VR+文化＝快乐”的3.0版创新型书店，将VR技术引入书店，通过VR设备，读者可以进入巨大的虚拟书店看书、买书，500平方米的实体书店被扩大到无限可能。

9.4 共享体验：虚拟现实媒体的未来

9.4.1 虚拟现实社交系统

多人在线虚拟现实社交系统

多人在线虚拟现实社交系统（multi-user online social VR system，MOSVRS）

是目前的社交网络平台的一种升级，也是未来虚拟现实媒体未来发展的方向之一。区别于现有的社交网络平台，虚拟现实社交系统能够以游戏、语音、文字、图片、视频等方式使用户能够以一种类似于面对面的方式交流与休闲。虚拟会议室是一种虚拟现实社交系统，其最基本的功能是使处在不同地方的两人通过非常逼真的化身进行沟通，好似面对面交流一样。他们可以进行眼神接触，也可以操纵彼此都能看到的虚拟物体。VR 技术在商务办公中凸显着重要作用，通过虚拟会议室，各参会者能实现跨地域沟通，同时，虚拟会议室比传统的见面会和视频会议更具沉浸感，从而提高会议的效率。英国利物浦的 Starship 团队开发了一款移动 VR 社交网络——vTime，作为世界首个虚拟现实社交平台，能让用户们一起体验不同的虚拟现实情境，企业可以利用该平台的虚拟会议室功能举行虚拟商务会议（图 9–7）。

图 9–7　多人在线虚拟现实社交系统之虚拟会议室

资料来源：https://baijiahao.baidu.com。

虚拟电影院

当我们在使用微信、QQ 等聊天工具聊天，而对面没有回复时，我们不禁会想对方在干什么，而在虚拟现实社交系统中，通过简单的头部转动，用户就可以识别出其他用户的反应，增强用户的社交体验。虚拟电影院便是一种虚拟现实社交系统。虚拟电影院通过 VR 空间共享让不同用户进入相同的虚拟空间并融合其中，从而跨越地域之间的差异实现虚拟面对面的交流、沟通等一系列活动，以获得更好的体验。Oculus Social Alpha 是一款主要用于观影的虚拟现实社交系统，用户移动到一个虚拟的房间后，可以察觉到彼此的转头、点头示意等动作，实现体验共享。有趣的是，用户在体验这个应用时，几乎所有人都关闭影片的声音而选择和其他用户聊天。事实证明，虚拟现实环境下的社交应用非常具有吸引力。

9.4.2 虚拟现实社交游戏

超元域："深度输入"的体验

虚拟现实社交游戏让玩家可以与朋友或家人共享同一个场景或虚拟空间，一起畅玩游戏。传统的社交网络使社交活动被解构为数个不同的单元，而以 VR 游戏为载体的社交则如同集合式社区，其整体性的理念弥补了割裂式社交逻辑混乱的特性。在这个全世界用户都可以共享的虚拟空间中，用户可直接通过各自的虚拟化身进入互联网多维集合空间。这种"超元域"的构建使得用户将自己"深度输入"（deep input，DI）进虚拟世界，并在不同的仿真空间中获得非常真实的体验。VR 社交游戏把社交和身临其境的世界带入 VR 的无限创意空间中，可以使玩家得到更加逼真而震撼的游戏效果，同时，玩家通过游戏更容易进行社交活动，分享自己的体验。Boss Monster 这款虚拟现实游戏让用户在同一个虚拟空间中共享游戏体验，4 个用户在一个虚拟环境中体验桌游，用户转动头盔即可看到卡牌的具体属性，游戏体验极具社交属性（图 9–8）。

视角切换：社交性和共享性

通过计算机屏幕或电视看到玩家所看到的内容，并没有为用户提供观察者欣赏 VR 全景图所需的空间信息。澳大利亚团队开发了一款名为 View R 的工具，

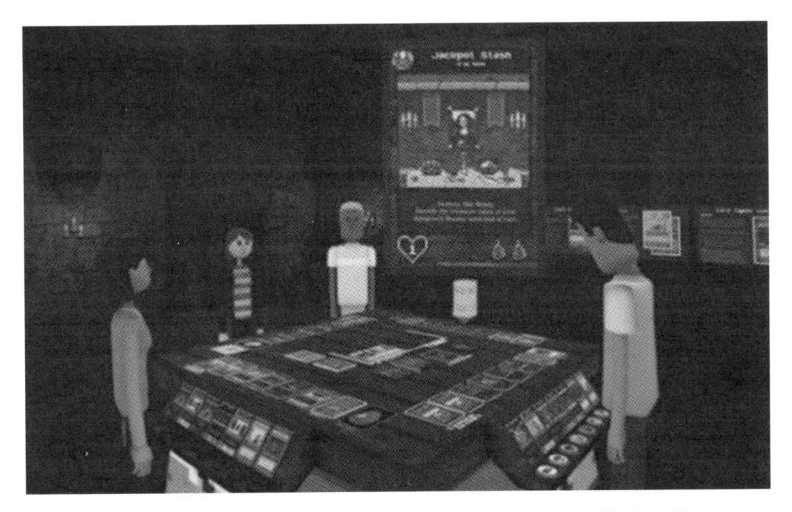

图 9–8　Boss Monster 使 4 个用户在同一环境中体验桌游

资料来源：https://yivian.com/news/13868.html。

用户可以很轻松地通过智能设备进入朋友的 VR 世界，进行视角切换，观看自己的朋友正在虚拟世界经历着什么。通过 View R，开发人员可以把这一功能集成到 VR 社交游戏中，使 VR 体验更具社交性和共享性。由此，用户能够从观众视角中看到 VR 世界，帮助用户了解虚拟世界中的事物的大小、规模和位置。通过 View R，VR 游戏可以成为用户轻松体验的东西，因为这不需要额外的昂贵复杂的设置。用户只需通过应用程序连接到计算机即可切换视角，查看用户的朋友在 VR 中所做的事情，从而实现虚拟体验共享。

第十章

VR/AR：打造工程建造未来

随着建造业的发展，大跨度空间结构、高层超高层建筑、复杂机电系统的地下结构等不断涌现，建筑信息模型与虚拟现实技术相结合的方案成为实现工程信息化、智能化、可视化和集成化等项目管理现代化的要求。通过对建造全生命周期进行管理，改变了施工的模式，使得建造行业得到了转型与升级。不仅提高了施工效率和资源配置方式，还将粗犷式的管理模式转变为了精细化管理模式，并将施工中的不确定性转变为可视化方案的表达，为施工过程的安全性和经济性提供了新的解决方案。建筑信息模型与虚拟现实技术的融合为建筑行业提供了一个全新的视角，在建造工程方面有着巨大的发展潜力。

10.1 技术融合：推进建造新模式

10.1.1 提升信息模型效能

建筑信息模型

建筑信息模型（building information modeling，BIM），能够将需要开展的项目工程的全周期过程进行整合，并可以将各个环节进行有效对接，使得施工人员更好地直接管理工程事项。通过这样一个信息化模型，极大地降低整个建筑工程的建设成本，有效地控制施工进度和工程质量。利用建筑信息模型能够在土建类、机械类等多个领域、多个项目主体上发挥作用。建筑信息模型可以立体化地显示项目工程施工当中的全方位信息，保障了施工过程的有序进行。同时，虚拟现实技术的应用更使得 BIM 锦上添花。作为中国铁路总公司确定的铁路 BIM 技术试点项目——怀邵衡铁路项目，将建筑信息化管理技术与新兴虚拟现实技术有效地结合在一起，利用 VR 可视化技术将工程建筑中的桥梁完整地构筑在人们面前。

三维数字化

三维数字化（three-dimensional digital，TDD）技术在建筑信息模型与 VR 中起到了重要的作用，利用此技术能够在施工过程当中对建筑的各项指标、信息进行全方位真实模拟，形成信息化模型，将生动形象的三维视觉、听觉及触觉等生成并展现出来，使用户在虚拟世界中进行浏览与交互，更使得施工设计与建造过程紧密相连、协调运行，虚拟现实可视化技术在工程建造上扮演着越来越重要的角色。国家电网公司将 BIM 模型与实际数据相结合，实现风管系统水管系统、烟感、喷淋等进行制作可视化展示，第三人称环绕视角，为客户提供了真实的建筑可视化方案。

监控器：BIM+RFID

建筑信息模型和 RFID 的结合，能够使得建筑工程当中使用的构件变成一个个“监控器”，随时随地反映出建筑进度情况。借助 RFID 技术所建立的建造模型与实物的关联触发机制，能够实时显示实际产品装配过程，实现虚拟协同建造（virtual collaborative construction，VCC）。施工人员可以通过相关数据平台，实时了解项目中各环节的现状，并且对可能出现的问题或者阻碍进度平稳前进的因素进行预测，做出规避措施，有很强的时效性。施工人员可以通过该技术对项目质量、进度和成本进行有效控制，并能够借助物联网平台，将施工前的设计、施工中的管理、施工后的运维进行虚拟协同管理（virtual collaborative management，VCM），形成三方位协调发展，使得信息交流更加迅速化、直观化。

10.1.2 塑造虚拟建造场景

虚拟现实建筑仿真

虚拟现实仿真技术具有多感知性、存在感、交互性、自主性等特点。通过虚拟现实系统与建筑信息模型，将工程建造模型项目模块与体验者的视觉、运动感知系统联系起来。利用沉浸式体验，增强与建筑模型的交互性，大大提升建筑信息模型的仿真、应用效果。在建筑信息三维模型基础上，加强了可视性和具象性，通过构建虚拟展示，为使用者提供建筑物可视化印象。龙湖集团将VR技术应用在建筑工程上，使其在室内、住宅景观、单体建筑、商业综合体、办公园区等建设仿真中发挥了重要作用。虚拟现实可视化技术的应用打破了建筑一直秉承的“唯有建成，方以呈现”的艺术。通过VR技术的可视化和交互性能够解决建筑信息模型的不足。通过其沉浸式感知特性，能够建立一个虚拟的场景，并且保证这个虚拟场景能够模拟真实的环境，通过虚拟环境能够有效让设计师感知建筑的环境、空间、材料，体现住宅工程的真实效果。

虚拟场景构建

目前，虚拟现实在建筑行业的主要应用是项目观摩展示，当工程施工现场不便观摩时，可通过虚拟现实技术替代，同时可通过增强式虚拟体验到在实地现场观摩不到的直观效果。除了基本的观摩展示，还具有工程教育意义。针对复杂施工工艺和施工流程，建立实体的观摩区成本较高，占用空间大。而在虚拟场景中进行复杂施工场景的构建，便可轻而易举地解决以上问题。Context VR开发的一款可拍摄建筑项目360度照片的设备，在蓝图中能够添加时间戳，存储在“云”中，还能够通过增强现实尽心浏览。工人可以在构建的虚拟场景中学习施工工艺，把握质量控制要点，进而按照指定流程进行复杂施工的模拟训练及成绩考核。另外，在工程实际运维阶段虚拟现实技术也可以对BIM技术的管理功能进行有效的发挥，同时系统还可以和现场设备传感器实现很好地对接，将实时数据传递进入虚拟场景，通过图表化的 3D 形式显示。

建造智能化

在现代化建筑当中，BIM 技术可以让建筑更加智能化，施工更加透明化，基于该技术建立的模型可以把和所建工程有关的数据、因子、参数等统一整合到模型当中，让技术人员可以直观感受建筑施工环节中的各种信息资料。在建筑施工过程当中，可以根据该技术模型提供的信息，实现对项目工程的可视化管理，在施工过程当中进度的把控、可能出现的特殊情况和隐患问题的规避措施等，这些都可以事先在模型当中模拟演算。通过该技术，让管理人员在施工过程当中可以有的放矢，全面深入掌握施工讯息，以此提高效率，降低成本。

10.1.3　促进建造资源整合

建造资源整合

集建筑信息模型与虚拟现实两者之优势，同时弥补各自缺陷，加速推进建筑行业转型升级。系统化的建筑信息模型平台不但可将建筑过程信息化、三维化，同时也可加强项目管理能力。VR 在 BIM 的三维模型基础上，加强了建筑信息模型的可视性和具象性。对于设计方来说，虚拟现实技术对建筑信息模型的实时渲染减少了不必要的工作量，提升了建筑信息模型设计的灵活性；对于用户或业主方来说，虚拟现实技术可以使他们更加直观地感受建筑设计的效果，提高与行业工作人员的沟通效率。并且，BIM+VR 技术的应用可以有效地整合资源，有利于建筑行业的发展。莫坦森建设公司使用 HTC Vive 对工程项目进行计划和管理，将资源进行集中统一管理与支配，以确保一切所需的资源都位于规定范围之内，提高了资源的利用率。

建筑行业转型升级

建筑工程管理长期面临着工期紧张、工程复杂、协作困难等问题，应用 BIM 技术进行项目管理，有助于各施工部门间的沟通，加强工程质量、成本及安全管理，从而降低工程的复杂度，缩短工期，加速资金周转，进而促进行业发展与升级。并且建筑信息模型能够将建筑的全部信息展现出来，但是与真实的现场环境相比还存在着一定的差异。具体来说，建筑信息模型以三维动画的模式将住宅工程的全貌展现出来，但是对于住宅建筑的环境、空间、材料不能够让人真实地感知出来。除此之外，通过建筑信息模型的建立虽然能够保证实时对住宅工程施工进行监测，但是不能够保证施工的效果及质量。因此将虚拟现实技术与 BIM 相结合，能够更好地发挥各自的优势，促进行业升级。

10.2 意识强化：发挥主观能动性

虚拟场景沉浸感

虚拟现实技术提供了场景巨大的沉浸感，将虚拟现实技术引入到工程设计中分析数据的可视化研究，对应用领域进行极为方便的探索和观察，这有助于设计师更直观、准确地理解数据，并能够更快速且容易地找出设计中所存在的问题，从而加快设计开发的进程。在沉浸可视化的场景中，利用数据手套、跟踪器等外设，可以实现自然的人机交互。并且，融合虚拟现实技术和科学计算的可视化，能够以更加自然、直觉的可视化方式帮助设计师更清楚地了解事物的内部特性与本质。麦卡锡建筑公司使用 Oculus VR 让客户能够沉浸于未来的办公室或工作空间之中，同时使用谷歌 Jump 和无人机来扫描和捕获 360 度的建筑物模型，让头显用户进行身临其境般的参观。

建筑场景感知漫游

虚拟现实不仅可以提供可沉浸式模拟，还可以成为综合协同设计的平台，而这将彻底改变建筑师使用 BIM 技术的方式。建筑信息模型还为建筑师提供了有效设计的洞察力和工具，而把这些建筑信息模型转换为虚拟体验将有助于建筑相关人员实现更健全的设计。基于建筑信息模型系统上的虚拟现实技术，将极大地可视化设计过程与结果，通过构建虚拟场景及虚拟漫游（virtual roaming，VR），使设计者在建筑空间中进行虚拟场景感知漫游（virtual scene-aware roaming，VSAR）。虚拟现实技术在建筑领域和建筑信息模型系统中的应用将进一步可视化建筑设计的原因和结果，在设计过程中融合多方面的因素进行考量，最大限度地表达设计意图，并使设计者能够切身地体验设计场景，切实发挥设计者的主观能动性。

“第一人称”视角：把控项目整体

虚拟现实在建筑设计中主要起到辅助的作用，使设计师能够最大限度地发挥想象力和主观能动性，进而在意识层面上提升感知能力和思考能力，进而提高设计的多样性。并且设计师可以通过“第一人称”视角在三维模型视角下进行自由地浏览，在建筑中漫游的同时，可以对有意见的地方进行标注，使建筑设计各方人员之间的交流、理解更加顺畅，实时对设计方案进行改进、筛选，有效地把控项目整体（图 10-1）。并且，建筑师和设计师设计的内容从传统的平面图和立面图演变为带有信息的三维模型，可以详细描述建筑的信息、设备及建筑结构。因此，建筑信息模型在设计过程更容易和更自然地支持虚拟现实集成。

图 10-1　用“第一人称”视角把控整体项目进程

资料来源：http://www.962.net/ku/TheSims4/path/6。

决策模式：优化与比选

从建筑方案设计到整体效果，利用 VR 技术可以让设计师身临其境地在建筑中任意漫游，去感受声音与光等自然环境，对任何不满意的地方随即进行标注、反馈及对方案进行进一步的改进。在设计过程中，设计师可以选择人视点、鸟瞰模式对建筑进行自由漫游与多维度体验，也可以设置流线进行虚拟漫游。并通过虚拟现实系统对建筑设计模型进行评价，在发现设计中的缺陷时，也可以使用虚拟现实系统模拟出不同的解决方案，可以大幅降低成本，完善设计方案。虚拟现实系统中的数字模型信息可以数据链的方式传递到后面的各个设计环节，直到最终形成 BIM 数据并指导建设和管理，提高效率，减少数据转译过程中的错误，优化设计方案。

10.3 空间转换：从二维图纸到三维模型

虚拟现实 + 倾斜摄影

倾斜摄影技术能够将用户引入符合人眼视觉的真实影像数据中。同时，倾斜影像技术的引进和应用，使得目前虚拟现实和虚拟仿真应用开发中高昂的三维城市建模成本得以大大降低。倾斜摄影技术因其高精度、高效率、高真实感和低成本的绝对优势为虚拟现实和虚拟仿真应用开发提供重要的三维 GIS 数据来源。虚拟现实技术的代入式体验，以及利用“虚拟现实 + 倾斜摄影”技术，不仅能够优化交通标志、景观及灯带等细节设计，同时还为建设各方的交流汇报提供了新的技术手段。在中兴大桥及接线工程 BIM 设计与应用中，利用倾斜摄影与建筑信息模型相融合的技术进行方案比选，使得工程空间状况更好地展现出来，将设计方案覆盖到施工过程的各个阶段。并通过分析工程建设所面临的各种状况，进而确定最终设计方案，相比传统的效果图形式，由于倾斜摄影三维场景真实、建筑信息模型准确，因此所得出的方案分析结论价值更高。

交互体验

虚拟现实技术的出现，使得我们能够以可沉浸式的方式深度体验建筑的空间、时间和意境；依托建筑信息模型与虚拟现实相结合的技术在建筑空间中的体验。在虚拟现实环境里，用户可以选择诸多视角和流线去感受建筑设计的意图，并对自己有想法的地方进行标注。整个用户的体验过程其实也是设计过程的一部分，使多方能够共同充分参与设计过程。虚拟现实重在用户的交互式体验，将其与 BIM 结合可以解决其在建筑管理上的缺陷。在施工前期，建筑信息模型所建立的模型与 VR 技术相结合，可以全方位立体地展示出设计方案。DPR ConstrucTIon 借助 Oculus Rifts 来协助位于美国弗吉尼亚联邦大学的一个重大改造项目，使客户、设计师和项目中的每个参与者在项目动工之前就可以亲身感受到最终的建筑，让项目开始之前就能得到反馈。工程建设方也可以更清晰地看到用户的要求，从而更好地解决问题，以达到用户满意的效果（图 10–2）。

图 10–2　BIM-VR 漫游体验可以全方位地向用户展示设计思想

资料来源：http://www.sohu.com/a/121739311_127682。

建筑空间场景

所有过去的知识和经验，均被建筑师用来指向新的未来，指向下一个设计，指向下一个待建的真实建筑空间场景。可以设想，如果有来自未来空间的真实反馈，对于建筑师来讲是弥足珍贵的。从这个角度看，虚拟现实技术就像是专门为建筑设计时刻准备着的未来工具。以往建筑设计往往重视“结果”，而现在建筑设计越来越多地开始重视“过程”。随着数字信息时代的快速发展，公众对于建筑功能与造型的要求也不断发展，将 BIM 和 VR 结合起来，无论是建筑方案设计还是室内效果，在设计过程中，设计师可以选择人视点、鸟瞰模式对建筑进行自由漫游与多维度体验，也可以设置流线进行虚拟漫游，在三维场景中体验建筑空间信息（图 10–3）。

图 10–3　建筑空间场景描述

资料来源：https://cn.made-in-china.com/tupian/david2115–PoFmOULXrdpl.html。

10.4　时间把控：驾驭项目周期性

三位一体：场所 – 使用 – 时间

建筑是有关“场所 – 使用 – 时间”三位一体的艺术：场所空间承载着人们的认同感和归属感，是诗意栖居的可视化表达；使用的实用性是建筑的本体价值，也是技术思维切入的原点；时间赋予建筑活力和灵性，也是建筑运维管理中最重要的参考变量。北京新机场应用 BIM+VR 技术，将数据模型与虚拟影像相结合，给工程人员提供了一个趋于智能化的虚拟信息。它以模拟方式为建设项目参与人员创造了一个实时反映施工变化的三维图像世界，在视、听、触等感知行为的逼真体验中，仿佛置身于机场建设现场。并在设计和施工阶段使用虚拟现实与建筑信息模型协作，将视野放宽到建筑的全生命周期，使建筑信息模型作为贯穿始终的建筑信息资源，以服务于建筑全生命周期的各种决策。

建造空间融合

通过虚拟现实技术对建筑空间进行虚拟仿真与设计，能够将建筑内的场景与周边环境融入虚拟建筑空间（virtual architectural space，VAS）之中，并能够完整地呈现建筑的三维立体结构，进而搭建虚拟场景，建成一个具有沉浸感的虚拟建造空间，以实现三维虚拟空间的优化设计、体现建筑空间的整体信息的目的。人们可以实时体验虚拟空间中的场景，根据该建筑模型与周边环境的虚拟模型之间的融合情况，更加直观、方便地进行建筑空间结构设计进行评估和修正，以达到最满意的效果。并能保证建筑空间的安全性、合理性、经济性，使得设计模式更加利于思维的表达，提高设计质量与效率。

多线程工作流程

虚拟现实技术的出现将进一步可视化 BIM 的功能应用，有助于设计师、结构工程师、施工方在时间维度上更好地设计施工，有利于规划工程进度，推动工程设计、建造的进程。基于建筑信息模型系统之上的虚拟现实技术，将极大化地可视化设计过程与结果，通过构建虚拟场景，进而体验工程施工状况，使体验者充分感知工程施工进度。虚拟现实技术在建筑领域和建筑信息模型系统中的应用将进一步可视化建筑设计的原因、结果和工程进度，在设计、建造过程中融合多方面的因素进行考量，最大限度地打造多线程工作流程。家梦利用 VR 技术为 BIM 系统提供了丰富的可视化选项，涵盖了 5D 模拟、BIM 数据可视化管理等内容，使管理者能够充分把握工程的进度和结果。

虚拟 BLM

虚拟现实不仅仅是提供可沉浸式模拟，它还是综合协同设计的平台，而这将彻底改变建筑师如何使用 BIM 技术。该技术为建筑师提供了有效设计的洞察力和工具，而把这些建筑信息模型转换为虚拟体验将有助于建筑相关人员实现更健全的设计、施工和运维。利用虚拟现实技术，结合建筑信息模型所构建数据共享平台，表示建筑全生命周期管理（building lifecycle management，BLM）的各个阶段，其能够便于计算建筑构件信息及设备信息，系统地实现建筑工程周期信息统一管理。

驾驭项目周期

建筑信息模型与虚拟现实技术将极大推动建筑行业的转型与创新，为建筑信息化发展提供一个全新的思路。二者的结合，将带给建筑业一种全新的理念，更好地驾驭项目全生命周期。BIM 技术的优势在于能够实现建筑数据信息的实时共享，VR 技术的优势在于用户能够在虚拟场景里进行沉浸式的体验。基于建筑信息模型的环境平台，借助虚拟技术对建筑工程的前期调研、方案设计、施工建设、后期运维进行全方位的精准服务，进而可以清晰地表达设计理念，及时地修改建筑方案，减少施工的损失，提高运营的质量。南水北调中线丹江口大坝加高工程中，将虚拟现实技术与坝工建设有机结合，对混凝土施工全过程进行了决策与管理，实现了多维信息的高度集成、管理过程的可视化、决策环境的虚拟化，降低了项目施工风险，进而把控项目周期。

10.5 虚拟交互：化未知为可知

3D 施工动态模拟

建筑施工过程是一个将数据化的设计方案通过一系列的工作转化为实体建筑的动态过程。它将虚拟现实技术与 BIM 技术相结合，能够预先进行 3D 施工动态模拟，以保证整个施工过程完全处于受控状态，最终建造出符合设计方案要求的建筑成品。基于 BIM 和 VR 技术在建设工程中的应用，能够根据建造施工流程，在整个过程中对各施工阶段进行管理控制。通过两者技术的结合，可以使得部分需求分析结果以一种可视化的方式呈现在决策人员眼前，从而便于决策人员的理解。中建八局在上证所金桥技术中心基地项目场景的设计上，利用 VR 技术对前厅场景进行模拟，让二维图纸变成三维立体建筑，更为直观地展示建造过程及建成风格。

未建先试：预建造

以往的工程施工方法和施工组织选择、优化，主要是建立在施工经验的基础上，存在一定的局限性。通过虚拟现实技术对施工过程进行虚拟预建造（virtual pre-construction，VPC）和 3D 施工动态模拟，在该模式下，能够在任意时刻调节 3D 动画的播放速度，身临其境地查看各个构件的建造和拼装过程。同时在虚拟模式下可以观察到施工进度最真实的动态模拟，施工人员可以更为直观地感受施工场景，更直观地展示不同的施工方案，能够更直观有效地发现项目在模拟实施过程中的问题，科学地预知方案带来的施工模拟效果，对施工技术方案进行优化，寻求最符合现场条件的施工工艺方法，实现风险控制和保证工程质量的目的，为项目制定合理可行的施工方案提供技术保障，从而达到未建先试的效果（图 10–4）。

图 10–4 未建先试的“预建造”减少了过程中的不确定性

资料来源：http://www.cnlinfo.net/zhanlanshejizhizuo/109048582.htm。

数据同步：施工过程控制

通过建筑信息模型与虚拟现实技术在施工过程质量管理中的应用，能够达到统筹规划、持续改进质量的目的。在建筑信息模型与虚拟现实设备进行设计方案数据无缝连接后，在施工过程中还可以实现虚拟漫游、实时更新数据，以细化施工进度管理并与建筑信息模型设计方案数据同步。通过工序质量控制，能够及时发现和预报制造过程中的质量问题并加以控制和处理，有效减少甚至完全消除施工中错误的产生，从而做到质量的持续改进。通过 BIM 与 VR 技术的实时运用，以可视化的效果全方位、实时展示现场施工情况，能够不受时间、地理位置的限制，随时审查、检验施工质量。鲁班软件基于 VR 技术与基建 BIM 系统的对接，使工程模型和数据实时无缝双向传递，在虚拟场景中对构件进行任意编辑，实现构件的真实物理属性和机械性能，减少了项目变更，缩短工期。

模拟建造布局

通过在规划的场地上建立项目部标准 BIM 模型，在虚拟模式下体验者不仅能感受项目部周边环境仿真模拟，而且还能沉浸式地进入项目部实景漫游，在模型中自主查看各个区域或构件信息。在漫游过程中，我们可以真实感受场地空间、构件颜色、材质等特点。除此以外，在施工现场临时建筑应用该技术，我们可以对材料存放位置、半成品加工位置、成品存放位置、工现场出入口位置、机械行走路径、场内临水临电方案进行规划并设置。泰尔视控公司利用虚拟现实技术将整个 CBD 商务中心地区的建筑规划、绿化环境设计等布局以虚拟景象的形态展示出来，很好地解决了 CBD 地产规划与布局问题。具备人机交互性优点的创意展项，给人一种身临其境的感觉，让投资者进入虚拟的场景中感受整个 CBD 商务中心的空间布局，真实体验 CBD 地产的每一个房间、每一个景点。

高效技术交底

在施工过程中，最重要的一项工作是进行技术交底，传统的也是目前采用最普遍的方式，即纸质的技术交底——将工序、标准规范、图纸等罗列在纸上，然后对施工人员进行宣讲以达到交底的目的。但由于施工的复杂性，纸介质的技术交底存在技术方案无法细化、不直观、交底不清晰的问题。通过虚拟现实技术进行直观交底，能够弥补传统技术交底的缺陷。建筑信息模型和虚拟现实技术结合进行技术交底，在该模型的基础上实现了360度无死角观察每个节点的细部结构。根据施工设计图纸建立三维模型，模型建立完成后与VR结合实现在模型内漫游，通过游览的方式找出模型内不合理的地方，特别是隐蔽性、复杂性、预留预埋构件的施工图校对（图10-5）。

图10-5　虚拟现实建筑设计

资料来源：http://www.pc6.com/infoview/Article_94503.html。

工艺再现

根据搭建完成的建筑信息模型，应用虚拟现实技术可视化地做出工程施工工艺流程，将复杂的施工工序以清晰直观的方式呈现在施工人员面前，达到施工重点、难点部位可视化，实现施工工艺再现（reproduction of construction technology，RCT），使施工人员按标准流程施工。除此之外还可以提前预见相关问题，节省大量识图时间，保证工程进度。使施工人员对工程重难点、关键节点施工质量控制、关键部位的施工方法与措施等施工整体有一个较详细的直观了解与把控。湖南省耒阳市风光带工程运用裸眼VR技术，将施工工艺信息、技术交底信息等悉数挂接于全景模型之上，管理人员可以随时查看需要的信息。

10.6 协同工作：工程建造生态圈

10.6.1 构建生态系统

生态管理

生态管理强调更多公众和利益相关者的更广泛的参与，因此，建筑师在设计过程中了解公众的看法是非常有必要的。在整个设计过程中，最重要的是提高公众的话语权和参与度，需要通过不断的反馈与调整，使得所有相关领域的人员最终能够充分参与到其中，并使得设计师的意图充分表达。结合虚拟现实和 BIM 技术，使图纸以立体化状态存储，各部门可直接查阅施工状态、进度和质量，从而能够有效分工，权责分明。从客户角度看，施工的部件可依照用户个性需求更新，更易了解。从而实现经济与生态的平衡可持续发展，并根据试验结果和可靠的新信息来改变管理方案。

数据可视化

运用 BIM+VR 平台在设计过程中，使不同专业的人士和公众在建筑中漫游的同时，可以对有意见的地方进行标注，进而形成数据可视化，并和建筑设计师在设计过程中就进行不断沟通。位于北京某高校建筑艺术楼和 15 号楼中的“i-Yard 2.0”是太阳能养老住宅，通过 BIM+VR 平台可以从老年人和小孩的特殊视角进行体验，并且可以在体验的同时进行个人意见的标注，形成可视化标签。一方面可以使设计师更好地进行体验，另一方面也极大地便利了设计人员对主客观数据的收集。这样的方法能够提高公众对建筑设计的参与度。在设计大致完成后，将模型进行共享，使用户在进行体验漫游的时候，可以进行实时交互，并随时标记自己的想法，与建筑师在虚拟场景中进行互动。通过 BIM+VR 平台使公众能够更多地参与并发出自己的声音，让设计真正做到以人为本，从人的感受出发进行设计。

多场景模式

虚拟现实技术可以让设计师身临其境地在建筑的多场景中任意漫游，去感受声音与光等自然环境，去感受场地与建筑的空间尺度、材质，去感受具体家具的尺寸大小，获取如材料与特性等基于BIM数据信息，可以对任何不满意的地方随即进行反馈与改进。北京新机场的建设中，通过BIM模型与VR技术相结合，将二维图纸延伸到三维的空间里来诠释，使北京新机场的建设更加便捷。在虚拟世界里，逼真地展现了建成后的项目与周围多场景的匹配性，为建筑、结构施工和设备安装的协同进行提供了施工方案的优化，方便了施工方和甲方沟通和评价各种方案，从而提高了施工效果和施工进程。

共享平台

建筑信息模型与虚拟现实技术相结合是一个数据共享平台，覆盖了建筑全生命周期的各个阶段。从设计到施工阶段的数据信息都会随着构件变更进行实时更新，并直接生成工程预算，以方便工程调用。在建造大型建筑物时，设计师可以在前期建立一个三维成像模拟，并通过该数据共享平台在建筑设计环节及早发现潜在缺陷，还可以在施工前随时随地、全方位地“进入”虚拟的场景空间中，多视角地观察和了解设计的方案，真实感受其空间关系、景观、光影乃至音效的变化，进而对方案进行细致的调整，保障其性能，实现效益最大化。

10.6.2 虚拟协同空间

构建虚拟协同空间

工程施工的管理方法和施工组织的选择与优化需要丰富的工程施工经验的累积，但很多现代建筑都开始追求独特性，大量使用新型结构和新型材料，工程项目施工的过程及管理几乎不会完全重复，所以这使得施工方法和施工组织的选择和优化增加了限制。因此，在施工中引入虚拟现实技术建立虚拟协同空间，对多种方案进行模拟分析，将不同的施工组织措施效果更为直观、科学地展示，这对于施工方案选择和优化提供了巨大的帮助。而在进行施工的过程中，使用虚拟现实技术模拟工程施工过程，完整地将整个建筑施工现场进行模拟演示，寻找出隐藏的容易发生问题的施工情景，并及时采取应对措施或者进行管理防治，能够加强管理人员对现场管理的效果（图 10–6）。

图 10–6　构建虚拟协同的内部与外部空间

资料来源：https://www.zcool.com.cn/work/ZMjI2NDM2MDA=.html?switchPage=on。

协同空间状态检查

利用虚拟现实技术模拟施工全过程，可以解决复杂的管理问题，以便及时采取有效的预防和强化措施，进而提升施工现场管理效果。在安江站由中铁城建公司所设立的虚拟体验馆内，专业人员和施工工人感受建筑的空间状态、检查施工结构部件、避开管路易撞击点，进而管理施工方案。操作人员和施工者只要戴上专用 VR 眼镜，操作手柄来回移动，就能完全置身于未完工的车站内部，清晰地检查、管理施工的各项进程。通过虚拟现实技术进行施工管理，既加快了施工进度、减少了交叉作业和人工作业，更使施工现场变得美观整齐，提高了管理效率，并能够有效地落实统筹管理。

建筑协同设计

工程施工是一种复杂度极高的大型动态系统，包括多项工序，存在周期长、工序繁多、极强综合性等特点。这样的特性给施工管理和实际操作带来了很多的不确定性及复杂性，让工程施工管理变得十分困难。在建筑协同设计(architecture cooperative-design system，ACDS）过程中，作为主导的建筑师可以根据参与人员的背景和专业及建筑设计深入程度的不同阶段，分别把不同深度的建筑模型分享给相关的人群，以便更好地收集建筑数据信息的反馈情况，并更好地辅助建筑设计的完成。

协同施工差异性：避免施工盲区

对于设计方来说，虚拟现实对建筑信息模型的实时渲染为其减少了不必要的工作量，并提升了建筑信息模型设计与施工的灵活性。而在施工过程中，工程师需要修改方案细节，可以直接让工人体验修改的过程和结果。这极大地简化了工程师与工人的沟通过程，消除沟通障碍。虚拟现实技术的出现将进一步可视化建筑信息模型的功能应用，有助于设计师、结构工程师、施工方及甲方之间的沟通，推动建筑信息模型在建筑设计中的推广使用。林肯电气设计了VRTEX 360系统，工作人员在进行实际操作时能通过虚拟现实来传授技能、指导操作方法，以避免施工盲区。

工艺协同化

虚拟设计结合VR技术，让体验者戴上头盔眼镜，如同看3D-IMAX电影一样，使整个工程形象逼真地呈现在眼前。在该模式下，我们在场景中可以实时对各构件信息、尺寸、属性等信息进行查看，并优化施工工艺的顺序，进而达到工艺协同化的目的；能让人亲身感受工程预建造施工全过程工艺协同，施工复杂细部节点、标准化施工等工艺。通过3D施工模拟技术直观地对方案进行比选，逐步优化和创新施工工艺和方案。中建八局一汽大众华东生产基地市政配套项目，以建筑工程项目的各项相关信息数据作为模型的基础，通过数字信息仿真模拟建筑物，在施工前对工程施工过程进行全方位展现，对施工难点和工艺流程等方案论证，协同工艺操作流程，消除了各复杂操作间的干扰。

10.6.3 风险协同防治

沉浸式安全教育

施工前的岗前安全教育培训是安全工作中非常重要的一个环节。让每一位接受岗前安全教育的施工人员戴上 VR 眼镜，进入虚拟的施工现场体验，体验者不仅可以直观地辨别场景中标记的风险源的类别和位置，对施工现场容易产生安全隐患的施工部位也有深刻的了解，更容易掌握现场风险源防控重点，增强辨识隐患能力。而且还能亲身交互式体验场景中陈列的各类消防、设施、器具等安全设备的操作步骤和感受违规操作引发不安全事故的视觉体验，从而让体验者从思想上意识到安全的重要性。CerTIfyMe 公司开发了虚拟现实训练体验应用程序，提供了虚拟世界中的培训，戴上护目镜即可进行随时随地的练习，让学员从错误中学习、共享和完善操作。

虚拟应急场景演练

施工安全是项目建设过程中管理工作的重要组成部分，是企业安全生产的基本保证，体现着企业的综合管理水平，应急场景的完善是实现职工安全生产的基础。BIM+VR 技术在北京新机场的应用过程中，对安全施工应急演练的虚拟体验，增强了项目管理人员和施工人员对安全文明施工与应急措施重要性的认识。建筑信息模型与虚拟现实相结合的模式能够实时地提供建筑工程各个阶段的信息数据，并且实时更新；在出现灾情时，通过 BIM+VR 技术能够精准定位，引导工作人员迅速疏散人群，降低风险。

虚拟现实协同体验

传统方式上的交底和技术培训，主要依赖于读规章制度、看事故视频、签名等单纯的被动式体验。VR 模式下的安全体验馆，带给了我们实际项目场景下的视觉和感官体验，由传统被动体验转变成数字化沉浸式教育协同体验，增强了 BIM 模型的可视化，并在项目安全交底实施方面起到了重要的作用，同时在降低项目安全风险管理方面有了新的突破。通过模拟真实的虚拟事故场景，可以有效避免实地演练中可能出现的安全隐患；同时真实还原所有细节，真实感受场景的变化，有效节省项目安全教育的成本，提高日常演练的效率和安全性。中铁十一局集团昆明地铁，以工程施工安全事故场景体验为重点，建设了 VR 安全教育体验馆，让广大施工人员通过切身感受，增加了体验者对事故的认知感，真正做到预防为主的安全目标。

风险协同治理

建筑工程的主体是固定的，而生产是流动的；建筑工程的生产周期长、工序多、综合性强，工作地点多样性，不少工序要在高空或地下进行；在建筑施工任务中，人员关系具有复杂性，因而他们之间的配合关系也较为复杂。建筑施工的这些特点，无疑给施工方案的设计、施工现场的管理和风险管理带来相当的复杂性和困难。通过虚拟现实技术模拟施工过程可以提前发现实际施工中存在的问题或隐患，并及时给予解决处理，达到风险协同治理的目的。因此，虚拟现实技术在建筑施工中的深化设计、高效管理、危险防治方面有着重要的应用。

第十一章 ◉◦◦◦

VR/AR 数字城市：未来已来的智慧之城

虚拟现实技术的三维可视化，以及增强现实对现实世界的信息增强，可使得基础设施建设及运维全过程的透明化，实现智能基础服务设施更加智能便捷化。同时，VR 的沉浸性改变了企业间协作方式，促进产业链各端之间的信息对等，从而促进各产业之间发展的协同。虚拟现实可将物理世界进行数字化虚拟，为管理者提供可视化平台，辅助决策，实现虚拟与现实协同治理的精细化管理，并且通过对城市空间设计方案对比优化，从而优化城市空间布局，以及优化公共服务资源体验，推动公共服务资源均衡化。虚拟现实技术已经应用于智慧城市的方方面面，通过打造三维立体、沉浸式的数字城市（digital city，DC），助力智慧城市“四化”建设，共同打造智慧城市全景图。

11.1 构建基础设施建设智能化

11.1.1 基础设施可视化

资源可视化：数字城市

数字城市是未来城市发展的必然趋势，虚拟现实是数字化城市的关键技术。

利用 VR 技术可以对城市进行仿真，使城市资源、环境、生态、社会等复杂系统实现可视化，让管理者置身于数字城市中，从任意角度、距离观察城市的建筑布局，同时也可以在空中审视城市的整体布局，自由控制浏览路线以感受建筑与道路的布局。在北京中央商务区建设中，利用 VR City 数字城市系统全面展示北京中央商务区的城市资源布局以及所有城市细节的数字城市模型，用一套系统就可以实现规划过程的所有展示、汇报。用户可以到达 CBD 的任意区域、任意视角，进行随意浏览，模拟真实世界的视点、移动路线，并且时刻与规划设计的最新进度保持一致，随时提供最新、最及时的规划展示并为城市基础设施建设提供有力的科学依据。

地下城透视化：静态管廊虚拟现实系统

基础设施的建设过程利用 VR 技术的三维可视化，将基础设施建设工程的全过程以三维方式呈现，让相关人员能够更好地协同建设，从而助力智慧城市的建设。例如，通过建立地下管廊虚拟现实系统，可提供集管廊规划、建设、运维全生命周期为一体的智慧化大数据系统，使得地下管廊变的可视化、透明化，做到地面空间的综合运用、资源共享和智慧运维。同时，通过系统还能够全面了解管廊大量设备的运行情况及环境参数，通过对远端监控、监测、自动排水、通风、消防等设施进行智能化管理，确保地下管廊运行安全。并且还可直观显示地下管廊的空间层次和位置，以仿真方式形象展现地下管线的深埋、材质、形状、走向及工井结构和周边化境。与以往的电力管廊平面图相比，极大地方便了排管、工井占用情况、位置等信息的查找，为今后地下电力管廊资源的统筹利用和科学布局、管线占用审批等工作提供了准确、直观、高效的参考。

人机互动："透视眼"显示隐蔽问题

AR 设备使用摄像机扫描场景，识别现场设备的传感器对象并重建其空间模型，结合物联网应用程序自动收集连接到中央存储库的可用传感器列表，并在 AR 设备中的传感器确切位置上显示设备本身的信息。同时，信息还可以追溯，工程师还可以搜索诊断故障所需的历史数据。AR 可视化还可以进行定制，从而加快对数据的解释，并更好地突出问题所在。阿里云物联网 IoT 城市物联网平台获取管线实时数据，并上传到工作人员佩戴的 AR 眼镜上，在眼前直观呈现地下管线温度、湿度、流速等信息，对于巡检人员来说，如同装了一双“透视眼”，在地面就能完成常规巡检，还可根据异常提示快速定位问题，确定解决方案，避免了传统巡检中要在几个检修井中来回往复（图 11–1）。

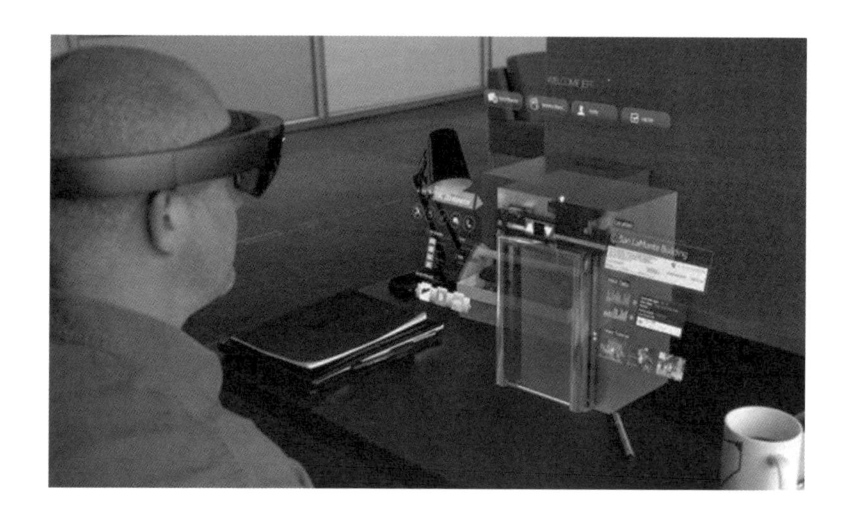

图 11–1 维修过程中通过混合现实眼镜显示隐蔽工程信息

资料来源：https://www.jianshu.com/p/bd8d7da80d25。

基础设施运维与巡检效率

物联网为设备的互联通信带来了极大的方便，但对于用户来说，它还是略显抽象，间接降低了工作效率。只有同时解决远程数据传输和空间交互两个方面的需求，才可能真正实现高效率运维。物联网与 AR 的结合减少了地下隐蔽设备工程运维的盲目性，物联网解决数据的获取问题，AR 让数据与真实场景融合直观呈现，云端后台 + 智能终端实现数据运算，能有效降低设备事故率，提升综合管廊运营管控效率。不仅仅是管廊巡检，城市物联网可以结合 AR 技术运用在所有基础设施场景，让工作人员看见看不见的城市，并通过物联网平台的预测能力，实现城市管理者与城市的良性互动及基础设施高效率运维。

城市治污虚拟仿真平台

环境污染重在预防，利用VR技术建立智慧城市治污虚拟仿真平台，可实现对污染进行实时监控及治理。平台在GIS和遥感技术的支持下，能实时获取环境监测数据，配合虚拟仿真技术快速模拟环境动态变化，实现污染信息可视化，从而及时了解各主要污染物的空间分布及超标情况。UNISOL研发的针对各种环境污染的监测处置管理的智慧城市治污虚拟仿真平台，整合虚拟仿真、BIM模型、GIS数据、物联网、人工智能多项复杂技术，可立体地、直观地诠释智慧城市污染治理中数字信息，并支持以宏观的视角、全面的观察对区域环境进行综合分析，从而提高污水处理与固体废物预防方面的实时监测能力和预防处理能力。

11.1.2 智慧交通规划

三维虚拟仿真

三维虚拟仿真技术以真实的地理数据为基础，可以对城市级、国家级、甚至全球的道路地形仿真场景，从而有效提高城市交通仿真规划的可视化效果，为实现绿色智慧交通提供技术层面的支持。通过三维虚拟仿真技术可以模拟出从轨道交通工具的设计制造到运行维护等各阶段、各环节的三维环境，用户在该环境中可以全身心地投入轨道交通的整个工程之中进行各种操作，从而拓展相关从业人员的认知手段和认知领域，为轨道交通建设的整个工程节约成本与时间，提高效率与质量。安哥拉国家在修建一条跨海大道时，利用眼见为凭的虚拟仿真作为项目沟通的主要手段，将专业的图纸转化为生动立体虚拟模型，合理地整合了高速公路和轻轨两种交通方式，优化道路的建设。

发现交通大动脉的“血栓”

城市交通大动脉的“血栓”现象是每个现代城市都面临的难题。采用VR技术构建三维交通网络，并使人、车、路在指定的区域内以数据驱动的方式进行动态呈现，从而构建逼真的交通仿真可视化环境。通过集成视频监控系统、智能卡口系统、交通流检测系统、信号控制系统等交通业务系统，实现视频监控、智能卡口分析、交通运行状况监测、交通信号监控等功能，以及利用 VR 技术实现道路交通状况远程实时监控、勤务管理可视化、交通基础设施运维可视化、预案预警可视化、应急资源管理可视化，实现道路交通状况远程实时监控，帮助管理者实时了解路网的运行状况及其变化规律，发现城市交通“血栓”，为消除交通“血栓”提供科学数据支撑。

充分警示作用：虚拟信号墙

虚拟信号墙通过在道路两侧架设等离子激光发生器，通过这些激光发生器产生密集的激光光束，由这些激光束形成一堵虚拟光墙，能给等候绿灯的驾驶者予以足够的警示，更好地预防交通事故的发生。乌克兰研制了一种新型红绿灯，这种红绿灯利用 VR 技术，采用在空中投影的方式，范围式地把红绿灯信息投放到一个区域，将红灯变成红墙，绿灯变成绿墙，增加了行车的安全性（图 11-2）。卡内基梅隆大学的计算机科学家们正致力于研发一款新系统。该系统可将交通灯信号直接显示在风挡或车载仪表盘内，从而为各用户提供一款个性化的交通灯，缩短路口等待交通灯切换所需的时间。研究人员表示，郊区到城市、郊区外道城市的通勤节省时间高达 30% ~ 60%。

图 11-2 乌克兰新型红绿灯墙

资料来源：http://www.ak186.com/html/181225030205427.html。

全息实景导航

全息实景导航体验对于用户而言最大的变化是“直观性”。在增强现实技术的支撑下，导航的指引体验变得更加直观，悬浮于路面上的“大箭头”，将虚拟与现实结合，直观地告诉用户下一秒该干什么，向哪里变道、往哪里转弯，用户不会因为思考反应时间而走错道，大幅降低了用户对传统 2D 或 3D 电子地图的读图成本。苹果研发了增强现实挡风玻璃显示系统，以增强现实的方式，将相关的信息显示在挡风玻璃上，并且并不会影响驾驶员的视线，在一定程度上能提高行车的安全性。瑞士 AR 公司 WayRay 研发了一款小型全息导航设备 Navion，它可将虚拟仪表盘映射到驾驶员的挡风玻璃上，显示有关速度、时间、箭头和其他图形信息，这些信息可以帮助驾驶员进行导航、规避危险和对前方危险路况进行提醒等（图 11–3）。

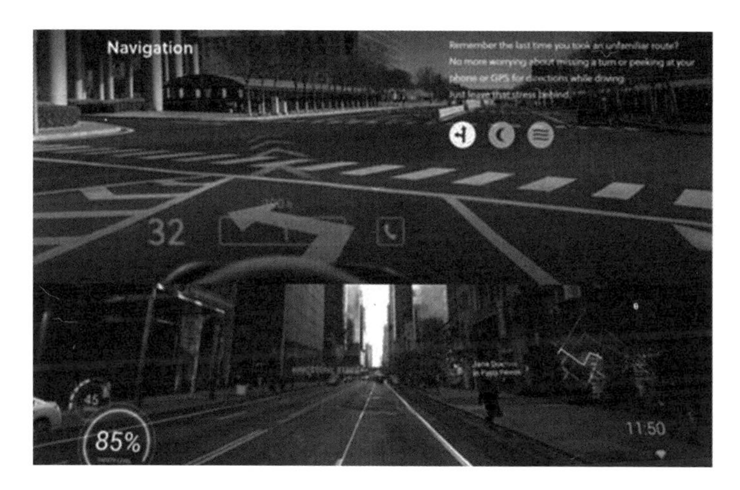

图 11–3　WayRay 研发的小型全息导航设备 Navion

资料来源：http://www.sohu.com/a/207375305_478941。

交通态势研判与决策

智慧交通大数据可视化分析决策平台，是一个面向交通管理部门的综合性辅助决策平台。通过建立该平台，能够全面提升交通管理部门的实时监测、全面布局、整体协调能力。从多个维度进行日常路网监测与协调管理，首先要将交通各业务系统高度集成融合，还要整合交通各部门现有系统资源，通过虚拟现实的三维立体化展示，实现多部门数据的协同管理。还可以针对历史交通流、交通违法、交通事故等数据进行分析汇总整合、专题化分析，以及三维化立体展示，实现交通态势的分析研判，为交通管理部门在交通组织、警力部署、设备布设等方面的优化提供决策依据。智慧交通大数据可视化平台的建设，通过虚拟现实将交通管理数字化立体化，能够实现交通各业务领域资源共享、各业务系统互联互通、交通态势可视可监可控，为交通管理决策和交通规划设计提供科学支撑。

11.2 促进智城产业发展协同化

11.2.1 协同模式

交流形式：虚拟空间会议

虚拟空间会议（virtual conferencing space，VCS）的出现为产业之间的合作提供了更加方便的交流模式。虚拟会议空间根据与会者在虚拟会议空间中的位置及其观察方向合成本地虚拟会场，与会者加入虚拟会议应用中，建立与会者之间正确的空间逻辑关系，实现与会者之间自然、直观的交互行为。同时，借助虚拟现实技术，与会者能够操纵虚拟会议空间中的虚拟物体，或者通过共同体验的虚拟环境或仿真模拟，对与会者的设想进行模拟和表达，开展群组间的协同工作。“3D 会吧”为人们搭建一个 3D 会场，并支持多人实时语音互动，直播画面可切换给任意参会者，虚拟投影共享多种格式文件资料、教室场景白板书写讲解，并可管理参会人的话筒、鼓掌等行为，并且会后可将录音一键转换文字会议纪要、全年会议数据管理等多项功能，实现了远程会议管理由粗放型到精细化的转变。

公共场所：分布式虚拟现实协作系统

分布式虚拟现实协作系统（distributed architecture vr system，DAVRS）基于网络的虚拟环境，创建一个沉浸式的虚拟空间。在这个虚拟空间中，位于不同物理环境位置的多个用户或多个虚拟环境通过网络相连接，或者多个用户同时参加一个虚拟现实环境，通过计算机与其他用户进行交互，并共享信息。在一个协同系统中，工作人员可以通过加护改变虚拟场景中的实体的属性，并且通过控制虚拟替身来感知其他工作人员，并与之进行交互，协作完成某个任务。当工作人员在协同虚拟环境支持下进行工作时，感觉到是在与群体成员进行交互，因此具有一种“人感”，使工作人员能够更自然地进行感知和交互，使协同工作达到更好的效果。例如，美国华盛顿大学与日本富士研究所共同研制的GreenSpace，通过建立“虚拟公共场所”（virtual common，VC）实现了远距离协作。

工作环境：vSpatial 未来工场

互联网的出现打破了企业内部协作的空间限制，VR 技术上却进一步提升了企业内部的沟通效率，甚至衍生了全新的协作模式，使得即使身处异地的人之间也能通过虚拟现实，实现面对面地进行工作交流，形成更有竞争力的虚拟经营实体。这种协同方式改善了人们的信息交流，消除了时空障碍，使得企业内部以及企业之间能够利用全面的信息流来自由地交流思想，分享资源，共同完成各项任务。这也为未来工厂（factories of future，FOF）中企业协作提供技术支撑。“VoIP 之父”理查德·普拉特组建了一支拥有 200 多年电信、网络、云计算和虚拟现实经验的团队，创建了 vSpatial。这个新平台的创建利用虚拟现实的沉浸式技术，让远程工作人员和团队在工作时能够更好地联系和提高效率（图 11-4）。

图 11-4 vSpatial 创建的未来的虚拟现实工厂

资料来源：http://www.arinchina.com/article-9120-1.html。

产业生态圈：横向融合与纵向延伸

VR/AR 是一种复合型技术，具有产业链条长、产业带动强、涉及产业众多的特点。以 VR+ 为基础的新业态正步入一个高速发展的增长期，尤其是人工智能、5G 通信、高端芯片、新兴显示等领域取得明显的突破后，通过和这些领域的协同创新，以虚拟现实产业为抓手，有效推动不同产业的跨界重组，乃至裂变出颠覆式的新产品和新市场，形成全新的产业形态。利用虚拟现实技术，为各产业之间以及产业内的协作提供全新的模式，从而促进产业之间横向的融合及纵向的延伸，不断地进行产业创新，创建全新的产业生态圈，促进产业共同发展。

11.2.2 跨界融合

打破融合壁垒

不同产业之间可以形成共同的技术基础和市场基础，导致技术融合和市场融合现象产生，各产业间的传统边界将趋于模糊甚至消失，在技术融合和市场融合的基础上产生了产业融合。因此，虚拟现实技术涉及计算机传感技术、仿真技术、微电子技术等相关技术，为各产业之间的融合提供了技术支撑。例如，依托于虚拟现实技术、三维多媒体网游技术和互联网技术把旅游景区移入网络游戏中，是一种现实与虚拟的互动。将现实的旅游景区设计为网络游戏的背景，实现旅游业与网络游戏业的融合，在虚拟的世界里打造真实的旅游场景，并通过虚拟现实技术的特定表现手法更多的创意内涵，从而使原本产业边界的活动互相渗透到对方的产业领域内，形成互相渗透的产业融合状态，即虚拟旅游(virtual tourism，VT）。

实现强强联合

基础智慧产业与传统产业的跨界融合，推动了传统产业的智慧化发展，形成了提升型智慧产业。而 AR 技术的出现更是推动了智慧产业的转型。AR 购物技术可通过 3D 模型将商品以 1：1 的效果投射在所需要摆放的场景内，解决商品尺寸、风格搭配等问题，并可以分享给家人或朋友，远程查看整体家居效果。并且通过一键导航和一键购物功能则帮助顾客在门店内快速到达所需购买商品区，完成在线下单。“百安居 B&T home”家居智慧门店改变传统的零售模式，在基于互联网、物联网等构成的基础智慧产业的基础上，通过 360 度全景复刻技术将顾客身处的样板间进行三维复刻，以360度全景环绕的形式呈现在云屏上，提升产品的互动性与体验感，进行了彻底的颠覆与创新，打造了一个家居服务产业平台。

网络化延伸

产业链向上游延伸一般使得产业链进入基础产业环节和技术研发环节中，向下游拓展则进入市场拓展环节中。互联网的发展打破了产业链端与端之间协作的空间限制，提升了企业与企业、机构与机构的沟通效率。而虚拟现实在网络化的基础上更加深了产业之间的融合深度，带动整个产业链的升级。产业链中大量存在着上下游关系和相互价值的交换，上游环节向下游环节输送产品或服务，下游环节向上游环节反馈信息。通过借助网络技术，以虚拟现实为手段对产品的设计、制造以及销售将进行三维模拟仿真，打破产业链上下游的供需信息壁垒，促进各产业部门之间协同，实现产品从研发、制造、销售到服务的全产业链的渗透。基于 3DEXPERIENCE 平台的 VR/AR 协作平台

SOLIDWORKS 支持从设计到制造的流程，打破研发阶段与制造阶段的信息不平衡，加深产业链上下游的合作关系。

11.3 加速城市管理精细化

11.3.1 VR/AR 管理

三维城市模型

利用先进的虚拟现实仿真技术，可最大限度地还原城市现状面貌，并结合规划方案的三维城市模型，直观模拟出城市景观。三维城市模型对城市地形、地物实现数字化三维模拟，可以提供一个与真实生活环境类似的虚拟城市环境，建筑的形态、高度、空间尺度等一目了然，很直观，同时还可以叠合各种专业空间分析的可视化数据结果，形成一个数据科学、信息全面、表达直观的综合信息可视化平台，为城市规划、建设与运营决策等提供三维信息服务。虚拟新加坡(virtual singapore,VS)是一款配备丰富数据环境和可视化技术的协作平台，利用数据分析和仿真建模功能来测试概念和服务、制定规划和决策、研究技术，并促成社区协作，可帮助新加坡公民、企业、政府和研究机构开发工具与服务以应对新加坡所面临的新型复杂挑战。

城市名片：虚拟紫禁城案例

全景技术是基于真实场景的虚拟现实技术，可以让你从全方位的视角观察现场实景，身临其境的感觉是平面照片和三维重建都无法做到的。通过三维全景技术，制作成交互式 720 度全景虚拟漫游让城市更好地通过网络技术展现给世界各地，打造 VR 城市名片。VR 城市名片可以为我们展现了这座城市独有的魅力，通过全景的形式带你游览著名景点，让你如身临其境一般，体验城市繁华而美丽的旅游景观。虚拟紫禁城（the virtual forbidden city，VFC）可以让来自世界各地的游客可以像现实生活中游览故宫那样，而比现实中更方便、更吸引人的是，在虚拟世界中，游客可以走进在现实中不能进入的宫殿，如太和殿。虚拟紫禁城的建立可以让没有来过的人知道并了解故宫以及它背后的历史和文化。

虚拟城市规划

从总体规划到城市设计，在规划的各个阶段，虚拟现实通过对现状和未来的描绘（身临其境的城市感受、实时景观分析、建筑高度控制、多方案城市空间比较等），为改善人居生活环境，以及形成各具特色的城市风格提供了强有力的支持。由于人在虚拟现实创造的设计环境中行走时，能够全面感知城市空间设计的合理性。因此，应用虚拟现实技术为实践方案的可行性创造了条件，而且，使用虚拟现实技术又不会像建造实际建筑物那样耗资巨大而又费时费工，这样，使得虚拟现实技术不仅可以提高城市规划或城市生态建设的科学性，降低城市开发的成本，同时还能缩短规划、设计的时间。上海浦东开发区、深圳福田中心区的规划均用了三维仿真技术进行规划，模拟了方案实施后的城市景观，进行了多视角和动态的城市设计分析以及规划方案评价，为城市规划建设提供了直观、可靠的技术手段。

虚拟现实地理信息系统

虚拟现实地理信息系统（virtual reality-geographic information system，VR-GIS）是虚拟现实技术与地理信息系统相结合的产物，它融合了 VR 的可视化特点和 GIS 的空间处理能力，VR 提供可视化的技术，GIS 则提供丰富的空间信息。VRGIS 以空间数据为基础，可进行空间数据和属性数据的叠加分析，方便快速提取用户关心的信息；通过地面模型自动生成功能及三维空间处理模块，可实现虚拟现实的直观演示和各种分析，不仅可以从各个角度优化城市建设，也为日常的监督管理带来了便利。将 VRGIS 应用于城市管理，可建立三维城市地理信息系统，接近真实的形式展现执法区，提供丰富的空间信息和功能完善的执法分析功能，实现对城市的有效监督，并为领导决策提供一种高效快捷的分析方法和信息支持。

数字沙盘

通过 VR 构建数字沙盘（digital sand table，DST）能够将各个地区的地理信息全面展示出来，通过虚拟建造和场景仿真，让人们仿佛置身于真实环境中。相较于传统沙盘，VR 数字沙盘的展示形式从单向传输内容变成了可互动型，很好地实现了人机互动。人们可以通过触摸屏快速有效地查询内容，以及进行地理信息分析和量算。如果某块区域有需要修改的信息，只需要局部更改就可以，能够做到二次开发利用。同时，VR 数字沙盘系统信息生成迅速、显示灵活，能够快速地生成动态信息，不用担心制作时间长。例如，东湖 VR 小镇利用 VR 技术实现了两种比例的 30 万平方米的 VR 沙盘演示，用户能在 VR 沙盘中自由移动，路网项目和水系在 VR 沙盘中清晰可见。

大数据重组

大数据技术可以对过去积累的大量地理信息、环境信息、气象信息、经济社会信息等数据进行挖掘和分析，从而为城市运营管理提供重要的决策依据。而智慧城市的建设，不仅需要大数据的支持，更需要将大数据以直观、形象的方式呈现出来。智慧城市的智慧正是源于对海量数据的挖掘和再利用。传统的平面图已经不能满足大数据分析的需求了。VR 技术的出现，使得大数据重新升级。在 VR 技术下，通过三维立体数据的呈现及 VR 的交互性，将用户沉浸在一个 360 度全景的数字化空间中，并模拟出三维空间中的移动，能够极大地增加人脑接收数据的带宽，使得大数据分析从静态到动态交互式转变。此外，VR 技术直观、立体的呈现能力能够使政府快速掌握大数据信息，提高政府的城市管理的准确度。

11.3.2 VR/AR 政务服务

全景虚拟政务系统

政府部门机构庞大，程序复杂，办理相应手续的过程十分烦琐，有的时候需要前来办理手续的人在各个部门反复穿梭，办理事务效率低下，也会使社会矛盾激增，虽然有关部门为了避免服务大厅过于拥挤，开通了预约功能，但是收效甚微。VR 全景虚拟政务系统，通过采用 720 度实景漫游技术，能够真实模拟现实场景，并百分百还原当前实体政务大厅，浏览者能够体验到身临其境的效果，并且每个功能窗口标识都很清楚，业务窗口精准对应相关办事流程。办理业务的单位和个人可以根据自己的身份和办事需求，通过场景式服务导航，轻松办理相关的事务，整个过程生动形象、方便快捷，大大缩减了现场办事流程。

高效政务服务平台

网上虚拟政务服务大厅可实景展示新区政务服务大厅全部办事区域、周边商务楼停车场和公交线路的 360 度全景图片和视频，还嵌入了楼层功能分布、窗口服务内容、事项申报材料及咨询电话等信息。通过窗口显示的行政审批和服务事项，实现虚拟平台与现实业务系统无缝对接，从而达到提高工作效率和服务感知度的目的。武汉政务中心网上虚拟大厅构建起一个集访问、浏览、查询等多种功能于一体的网上虚拟政务服务大厅，从而达到提高工作效率和服务感知度的目的。虚拟政务大厅的出现，减少市民办理事务流程时间，通过场景式导航、对话式交互的服务形式，为广大老百姓提供一个全天候、多层次、立体式的高效服务平台。

11.3.3　协同治理

数字社区

数字社区（digital community，DC）是数字城市的微观单元，可利用数字城市的资源，实现社会服务管理信息化。在数字社区建设过程中，依托于互联网为展示载体建立的 3D 平台，可以让用户不再受时间和空间的约束而随意浏览。用户只需打开电脑、手机等设备就可以置身现场体验各类社区服务，享受便捷的生活，使公共文化服务真正做到触手可及。通过文字、图片、音频、视频结合的方式，使用户对本地区的服务资源、生活场景得到全新的认识、理解、体验，感受本地区丰富独特的公共文化魅力。数字社区通过虚拟与现实的协同治理，提升了资源共享率，并通过虚拟化与多元性的特性帮助现实的社会治理。北京市朝阳区团结湖街道在现有的智慧团结湖项目建设基础上，打造了具有地区特色的3D团结湖智慧家园平台，让公众身临其境地感受居住地区的文化，便利地利用生活资源，实现信息查询、互动交流、服务受理等三维场景式公共文化便民服务。

泄露仿真模拟：动态系统的虚拟现实

VR技术可以动态模拟燃气泄漏、管道漏水、电力中断、地震等各种突发情况发生时对城市百姓生活、公共交通的影响，及时制定应急预案，并在虚拟空间中检查各种应急措施的可行性、合理性，评估由此产生的损失及影响，为最终将损失控制在最小范围提供有力依据。针对威胁城市公共安全的突发性泄漏事故，选择一种适合街区尺度的点源气体扩散模型与GIS集成，构建泄露气体扩散的三维时空仿真模型，模拟泄露气体的扩散范围，以便实时监测污染可能影响的区域并进行数据解读分析，进而虚拟推演突发事故对公众的危害程度以及可能的发展趋势。Gexcon公司研发的FLACS可以进行三维场景中所有典型的易燃和有毒物质泄漏的后果模拟，可为应急救援提供数据验证以及决策辅助。

应急管理决策

应急指挥系统将现实场景和虚拟场景相结合，利用AR技术把现场情况远程传输给指挥中心，指挥中心根据3D成像技术还原现场情况并进行远程操控。系统将事故现场建筑、道路、管网及其他影响救援工作的信息传输到事故现场，消防员借助增强现实设备生成的图像，与现场真实环境匹配，让救灾人员能在复杂的各种环境迅速掌握现场情况，从而做出最优应急决策，确定救援路线，选择救援手段，提高救援效率，防止因救援方案不当引发二次事故。爱普生最新消防用AR系统将旗下MOVERIOBT–300AR眼镜与消防系统相结合，在紧急救助时能全方位把握受困者的位置信息，可以更有效和快速地救人于水火。美国加州山通过引入名为EdgyBees的新AR救火系统，让身在救火第一线的消防员能够实时获得活在现场的复杂地图等情报，提高灭火成功率和安全性（图11–5）。

图 11–5　美国加州山的 EdgyBees 虚拟火灾救援系统

资料来源：http://games.sina.com.cn/wm/2018-08-21/doc-ihhzsnea0975474.shtml。

跨部门协同指挥

虚拟现实的应用为应急演练提供了一种全新的开展模式，将事故现场模拟到虚拟场景中，组织参演人员做出正确的响应。并且利用空间信息构筑虚拟的可视化城市虚拟仿真平台将城市自然资源、社会资源、基础设施、人口等在内的各种数据以数值可视化形式有机融合，实现多部门、多类型数据融合和互联互通，大大降低了投入成本，提高了推演实训效率，从而保证了人们面对事故灾难时的应对技能，方便组织各部门人员协同推演，使得在应对危机情况时能做到快速、正确的决策。通过进行“真实数据＋虚拟事件”的应急演练，可在演练后直接提升相关部门跨部门的应急处置能力和协同能力的作用。我国研发的第一个多部门交互式演练与评估的系统 SSEEP 既能满足单项演练又能满足综合演练，实现可跨区域的联合演练，突破演练场地和演练人数的限制。并且通过政府专网云平台，实现政府多部门的异地演练。

路径优化与交通梳理

AR 导航首先利用摄像头将前方道路的真实场景实时捕捉下来，再结合汽车当前定位、地图导航信息以及场景 AI 识别，进行融合计算，然后生成虚拟的导航指引模型，并叠加到真实道路上，从而创建出更贴近驾驶者真实视野的导航画面。在AR导航中，首先用户可以定位需要导航的起始位置和导航终点目的地的位置，在用户输入需要导航的路线起始与终止位置后，即可快速地利用导航算法为用户提供方便快捷的导航线路，也会根据实际的道路交通状况，选择适合当前交通状况的最优路径方案。导航路线选定之后，进入导航页面。在AR导航页面上会显示当前汽车的行驶速度、各线路的名称、汽车所处的三维位置信息、路段的限速和路况信息的实时提醒、导航中的行驶距离方向改变预先提醒和及时播报，从而不断优化路径并对交通进行梳理。

11.3.4 创建平安城市

基于位置服务的智慧安防

通过在城市电网、铁路、桥梁、隧道、公路、建筑等基础设施中嵌入监控感应器，结合5G、VR、大数据、人工智能等先进技术，以裸眼VR、360度全景形式呈现安保重点区域的实景情况。而营运商基于位置服务（location based service，LBS）数据、智能探头能准确预警城市的人流、车流情况，并可实现对重点人员、嫌疑人员的布控。同时，通过有效提供决策数据参考，实现精准指挥调度，做好人防、物防、技防工作，维护现场秩序，规避风险，有效避免踩踏，打造智慧安防（图11–6）。在全国首个5G智慧安防技术试点应用中，5G+VR

图11–6 基于位置服务的智慧安保控制系统

资料来源：http://www.sohu.com/a/270293577_428290。

无人机在 100 米高空对区域内所有场景进行 360 度航拍，然后再依托 5G 网络进行无线快速传输，使得坐在指挥室的人犹如在驾驶舱内，可以同步察看飞行路线上的所有航拍场景，供警务人员及时、准确分析和判断。

虚实融合全景监控

对于监控设备来说，VR 在前端的作用体现在两个方面。首先，VR 场景可以由前端的全景摄像头（panoramic camera）拼接合成，然后通过配套软件进行后期处理，让用户能够不仅仅进行传统的变倍、变焦操控，还能够变换角度。而另一方面，VR 技术可以使监控用户在监控实时视频画面时，就能实时获得目标对象的信息。而 VR 在监控领域的后端应用主要是基于 VR 本身的安防操控体验。使用 VR 技术则可以转变到视角，采用立体互动安防中心概念，将现实周边环境与监控范围内的目标融合进同一屏幕，可通过 VR 设备可以实现大屏与视频的直接互动，你的观察角度不再是以往的布局者，而是入局者。一些安防企业已经开始涉足 VR/AR，如美国安防企业 IC Real Tech 已经展示了全景 VR 虚拟摄像头；Forte 公司已经成功实施了一些 VR/AR 概念的监控平台。

信息强化与现场增强

普通摄像机反映的是“现实”，但这种“现实”由于缺少附加性的信息，给监控画面的安保人员带来了极大的困惑。为了解决这些问题，需要在“现实”的基础上进行“增强”，给实时监控画面添加名称、经纬度、方位角、距离、位置、历史案例描述、联络方式等信息，这些信息能使屏幕前的安保人员及时有效地处理视频画面捕捉到的异常、突发的情况。通过 AR 摄像机的快速定位功能，还可以通过视频对监控区域的每个关键点及各点位执勤情况进行巡查。诺基亚贝尔也携手中国电信展示的基于 5G 网络和 5G 终端的端到端 AR 公共安全解决方案 AR 智能头盔，可帮助警察在眼前快速地识别车辆信息和人员信息，并将结果叠加比对，进行现场增强（field enhancement，FE），为现场执法提供即时的信息支持（图 11-7）。

图 11-7 装有高清摄像头的警用现场增强型头盔

资料来源：http://wap.yesky.com/news/2/1660670502.shtml。

11.4 推动公共服务资源均衡化

概念呈现：表述城市规划理念

有效的合作是保证城市规划最终成功的前提，虚拟现实技术为这种合作提供了理想的桥梁，更好地传达城市规划地理念，这是传统手段如平面图、效果图、沙盘乃至动画等所不能达到的。VR 技术的出现可以帮助城市规划者解释通常难以表达的构思想象。城市规划者通过三维虚拟现实建立城市资源规划立体虚拟模型，表达自己的规划理念，脱离抽象的想象。城市资源规划立体虚拟模型能够使政府规划部门、项目开发商、工程人员及公众可从任意角度，实时互动真实地看到规划效果，更好地掌握城市的形态和理解规划师的设计理念。澳大利亚昆士兰州首府布里斯班市采用虚拟现实的布里斯班市规划系统对未来城市发展进行更有利的分析。通过在互联网上展示，每个人都可以登录并游历模型，了解城市规划理念，让公众有更多的机会参与城市规划，并提出修改意见。

虚拟建模：展示城市规划效果

利用虚拟现实建模在虚拟的数字空间中模拟出真实世界中的事物，为人们建立起一种逼真的、虚拟的、交互的三维空间环境，可以弥补传统设计表现方式的不足。它可以将已建成或未建成的建筑按照其标准尺寸建立起三维模型。模型用纹理、色彩、光照等渲染后可以达到逼真的效果，更加真实展示城市规划效果。并且，用户能够在一个虚拟的三维环境里用动态交互的方式对城市规划设计方案进行身临其境的全方位的审视。通过虚拟现实技术建立三维城市规划系统，使得整个城市规划则包括在宏观条件下城市发展的用地和总体布局，如城市工业用地规划，城市道路交通规划和城市居住用地的规划等，以及在宏观范围基础之上再涉及微观范围之内，包括建筑物的单体结构设计等，都能随心所欲地在场景中漫游，从而获得对整个规划方案乃至城市面貌比较全面的了解。

可视仿真：优化城市规划方案

可视化仿真可以实现对城市规划的不同方案进行仿真，同时还可以在虚拟的环境三维空间中实时地切换不同的方案，在同一个观察点或同一个观察序列中感受不同的景观外观，有助于比较不同设计方案的特点与不足，从而能进一步优化决策。利用虚拟现实技术不但能够对不同方案进行比较，还能轻松地对城市规划方案进行更多的公开评估，以便设计人员发现工程设计中的不足之处，并依据总结的信息和地理特征规划方案，提出实现城市长期发展的规划建议，以加快城市规划和建设的步伐。例如，深圳市红桂路至晒布路拓宽改造工程中，通过使用三维仿真软件 UC-win/Road 将道路修建后的环境虚拟出来。这样就可以使相关人员更加轻松地看出容易被思维想象所忽略的细节问题，从而进行修改完善，既减少了拆迁，改善了交通问题，又为城市增加了一道靓丽的风景线。

远程共享：促进公共服务资源流动

智慧城市的宗旨就是“以人为本”，即如何通过运用多种信息技术提升城市居民的生活水平。而 VR 技术与互联网的结合将使公共服务均衡化推向更高的高度，促进公共服务资源流动，从而确保全体市民对生活所需的资源具有相对平等的使用权。眼球追踪、触觉反馈、语音识别等交互技术的成熟，以及服务场景和服务内容的虚拟现实体系逐步完善，使得虚实融合实时交互成为必然趋势，而政府服务网上办事大厅、虚拟医院、虚拟课堂、虚拟养老院等服务方式可以有效缓解服务发展不平衡不充分问题。在美国佐治亚医学院和佐治亚技术研究所的专家们已经合作研制出了能进行远程眼科手术的机器人。这些机器人使发达地区优质医疗资源通过虚拟现实技术更低成本、更高质量流动欠发达地区，让偏远的山区学生也能享受到优质的医疗资源，缓解医疗资源配置不均衡不充分问题。

再现体验：“全息摄影 + 虚拟全景”的公共服务全过程

由于物理世界资源的有限性，以及承载能力有限，公共服务的资源容纳能力受到了一定的限制。通过 VR 技术，可让人们在电脑上进行 360 度全景观察。360 度全景由全息摄影（holography）和虚拟全景（panorama）组成。全息摄影是指把相机环 360 度的一组照片进行无缝处理，所拼接成的一张全息图像。而虚拟全景是指运用一定的网络技术将真实的场景还原在互联网上显示，从而为公众提供更加真实的服务体验，促进公共服务资源的数字化传播，并具有较强的互动性，使用户有身临其境的感觉。因此公共服务设施和依托于网络的虚拟现实技术相结合，在保证网络畅通的情况下，使得公共设施的服务能力得到大大提高的同时，还能保证用户的服务体验。

虚拟调度：获取与配置公共资源

数字城市仿真平台可以对城市建筑、园林绿化、道路桥梁、电缆管线、排污管道、商业区、高新区、居民区、高校区等各种区块进行实时分层显示和管理，从不同角度观察城市资源规划的布局和结构，并可实现对城市资源的虚拟调度，动态研究城市资源规划中的空间体系、轮廓线以及位置关系。还可以通过其数据接口在实时的虚拟环境中随时获取相关的数据资料，实现了“图、文、数、声”一体化呈现，方便大型复杂城市规划项目的规划、设计、投标、报批、管理，有利于设计与管理人员对各种规划设计方案进行帮助设计与方案评审，优化城市空间布局，实现资源配置与调度优化。英国凯达普交通系统对外展示了一个全新的可视化实验室，依靠这一整套 VR 系统来为目前的交通运输系统存在的问题带来创新且实际的解决方案。研究员就可以在虚拟城镇中测试新的交通方案，从而优化交通运输资源的配置。

第十二章

VR/AR 发展展望

虚拟现实与增强现实融合了大数据、人工智能、感知与可视化技术、新一代信息技术，从而扩展了人类感知与理解能力，改变产品形态和服务模式，给诸多的应用领域带来了深刻地变革。当前，全球虚拟现实产业正在从起步培育期向高速发展期迈进，我国面临同步参与国际科技产业创新的难得机遇，但同时依然存在着关键技术和高端产品供给不足、内容与服务相对匮乏、应用生态链尚不完善等困难。未来虚拟现实与增强现实关键技术会进一步成熟，在画面质量、图像处理、眼球捕捉、3D 声场、手交互、人体工程、机器视觉等领域有重大突破，同时，5G 与虚拟现实的结合将成为关注热点。随着虚拟现实各项关键技术的不断突破，其行业应用范围将会更加广泛。

12.1 VR/AR 技术发展方向

12.1.1 关键技术突破

内容制作与建模效率

内容制作是虚拟现实产业界的短板，当前的内容制作成本高、周期长，对于制作人员的要求也高，这限制了虚拟现实应用的发展，因此如何实现低成本的快速建模将是虚拟现实在产业界大规模推广的关键。其中虚拟环境的建立是虚拟现实技术的核心内容，动态环境建模技术的目的是获取实际环境中的三维数据，并根据需要建立相应的虚拟环境模型，快速动态环境建模技术将是虚拟现实技术的重点发展方向。

实时三维图显

三维图形的生成技术已比较成熟，而关键是如何实现“实时生成”，即在不降低图形的质量和复杂程度的基础上，如何提高刷新率将成为今后的主要研究内容。此外，虚拟现实还依赖于立体显示和传感器技术的发展，现有的虚拟设备还不能满足系统的需要，必须开发新的三维图形生成和显示技术。日本视网膜投影 AR 眼镜厂商 QD laser 在图形现实方面取得了突破，其研发的视网膜走查型激光眼镜 RETISSA Display，是在眼镜中搭载的超小型投影，以及直接将光线投影到视网膜中的系统。由于这种方式不会受到眼睛晶状体的影响，因此近视患者也能够清晰地看到画面。

交互设备

虚拟现实技术通过借助输入输出设备，如头盔显示器、数据手套、数据衣服、三维位置传感器和三维声音产生器等，实现人能够自由与虚拟世界对象进行交互，犹如身临其境。因此，新型、便宜、鲁棒性优良的数据手套和数据服将成为未来研究的重要方向。比如 2019 年 2 月 Nreal 宣布推出一款全新 MR 智能眼镜 Nreal Light，这是一款“即戴即用”的墨镜式 AR 眼镜，重量仅 85 克，分辨率达 1080 p。

自然建模

虚拟现实建模是一个比较烦琐的过程，需要大量的时间和精力。如果将虚拟现实技术与自然交互、语音识别等技术结合起来，可以很好地解决这个问题。对模型的属性、方法和一般特点的描述通过自然交互、语音识别等技术转化成建模所需的数据，然后利用计算机的图形处理技术和人工智能技术进行设计、导航以及评价，将模型用对象表示出来，并且将各种基本模型静态或动态地连接起来，最终形成系统模型。

分布式技术应用

分布式虚拟现实（distributed virtual environment，DVE）的应用打破了空间限制，使得位于世界各地的用户可以进行协同工作，是今后虚拟现实技术发展的重要方向。随着互联网应用的普及，众多 DVE 开发工具及其系统也相继出现，DVE 本身的应用也渗透到各个行业。一些面向互联网的 DVE 应用，将分散的虚拟现实系统通过网络联结起来，采用协调一致结构、标准、协议和数据库，形成一个在时间和空间上互相耦合的虚拟合成环境，参与者可以自由地进行交互作用。

12.1.2　传输速度：5G+VR/AR

相比于 4G 网络，5G 网络的峰值理论传输速度可达每秒数十 GB，这比 4G 网络的传输速度快数百倍。从我国 5G 网络发展进程来看，5G 网络实现普及距离我们并不遥远，目前三大运营商已经获得了全国范围内的 5G 频段试验频率许可证，这为我国的 5G 建设铺平了基础道路。5G 网络的覆盖之后，VR/AR 产品的很多痛点将得到解决，用户的体验可以进一步得到提升。

消除时延眩晕感

VR 技术所造成的眩晕感，是 VR/AR 体验最为人所诟病之处，不仅降低了用户体验，也十分影响 VR/AR 的口碑。网络延迟是导致眩晕的一大原因。而 5G 将提供 1 毫秒的空中传递（over the air，OTA）往返延迟，意味着肉眼将无法察觉到画面延迟。因而，借助于 5G，VR/AR 体验中由时延所带来的眩晕感能得以消除，移动终端的虚拟体验将得以提升。

设备无线化

VR/AR+ 高带宽、低时延特性的 5G 云，将大大降低 VR/AR 体验对用户终端硬件性能的要求。未来体验 VR/AR 产品时，用户无须身背沉重的设备，还能摆脱数据传输线的束缚，即通过云端便能运行相关应用，真正实现无线化。VR/AR 设备实现从有线到无线，既能方便用户自由行动，也可支持接入更多设备，实现多屏分享、多人互动等更多功能。同时，也有助于降低相关硬件的成本和价格。

VR/AR 直播

由于 4G 网络环境的带宽限制，VR/AR 直播目前发展缓慢。用户无法仅靠移动终端，实现体育赛事和演唱会等大型场景的现场直播，即使用专业 VR/AR 全景摄影机进行视频采集，观看效果也欠佳。而对高清视频、VR/AR 沉浸式内容有更好承载力的 5G 网络，将可能改变现状，促进 VR/AR 直播的发展。

5G 云渲染

基于 5G 云渲染的快速响应，以及高分辨率的实时流媒体，将有助于解锁移动云端及游戏。5G 技术提供了高达 10 ~ 50 Gbps 的传输速率，并且拥有极低的时延，因此可以让大型 VR 游戏的场景在云端进行渲染，可以为终端提供分辨率高、优质的画面，进而有效改善 VR 游戏给玩家带来的眩晕不适感（图 12-1）。同时，使得用户终端设备的硬件计算压力大幅降低，因此能降低终端硬件设备的价格。

图 12-1　VR/AR 与 5G 的融合

资料来源：http://www.sohu.com/a/317324603_99976729。

12.2 VR/AR 行业发展趋势

市场规模不断扩大

在行业应用方面，虚拟现实的市场规模将不断扩大，成为生产领域的重要工具。在飞机、汽车、船舶等大型装备的制造中已经实现初步应用，在研发、装配和检修中发挥重要作用，并在教育、医疗等领域革新知识获取渠道，提升教学与培训质量，并在文化、军事等领域继续深化拓展。展望未来，虚拟现实将在制造、交通、医疗等领域得到深入应用，应用场景将进一步丰富。此外，随着虚拟现实内容的丰富和虚拟社区交互体验感的增强，主要依托购买硬件设备的营收模式将得以转变，虚拟市场、虚拟购物、虚拟展示也将被更多用户使用。

产品形态更加丰富

未来虚拟现实产品形态将更加丰富，消费级虚拟现实产品不断涌现，VR+应用场景不断拓展。在游戏、娱乐、影视等消费市场，线上与线下结合更加紧密，商业模式逐渐走向成熟。虚拟现实产品供给更加多元化，头戴式、一体机、移动端等各类产品层出不穷，Oculus、小米的一体机新品上市，更拉动一体机销量大幅提升。根据 IDC 数据，2018 年第一季度虚拟现实一体机出货量达到 11.5 万台，同比增长 234%，第二季度销量同比增长幅度达到 417.7%。虚拟现实内容开发平台生态架构基本完善，3D 模型 / 场景、3D 动效、全景图片、虚拟现实视频、网页等不同内容素材源日益丰富，以 Oculus、百度、VRCORE 为代表的开发者平台开始实现开发者集聚。未来虚拟现实传统硬件厂商和创新企业将保持硬件轻量化、可移动化发展趋势，持续推出新产品，硬件多样化将进一步增强，硬件市场进入百花齐放的竞争红海。此外产品的软硬件结合将更加紧密，软件在产业价值中的占比将进一步提高。

软件应用成为热点

虚拟现实产业投资再度高涨，集中化趋势明显，软件应用成为投资热点。根据映维网数据，2018 年 1—10 月，国内创业投资总额达到 108.14 亿元，同比增长27.10%。2018年10月，在南昌成功举办的世界虚拟现实产业大会达成投资额631.5亿元，进一步提高地方发展虚拟现实产业的热情。资本投资的热点领域也逐渐由单一游戏、社交、视频、直播等大众应用向工业、医疗、教育等多元垂直领域聚集。虚拟现实产业投资已经进入更加理性的阶段，行业投资方向更加明晰。未来资本将汇集在具有自身研发能力、掌握核心技术、市场前景良好、收益率高的企业，向高附加值、高收益率的行业应用倾斜。

生态体系逐步形成

虚拟现实产业生态初步形成，在硬件、软件、内容制作与分发、应用与服务等环节逐步完善。在硬件领域，据市场调研机构Canalys数据，2018年第一季度，我国在全球虚拟现实一体机的出货占比达82%，整体虚拟现实头显出货量占到28%，成为全球重要的终端产品生产地，并在快速响应液晶屏、近眼显示、追踪定位、多通道交互等领域实现突破。在软件领域，国内企业和高校纷纷搭建开源平台和资源共享平台，开放软件开发工具包，促进了生态形成。在内容制作与分发领域，制作、集成、分发、增值、安全等服务分工日益明确，内容生态已逐渐建立。在应用领域，我国虚拟现实技术广泛应用于娱乐、制造、教育、医疗、交通、商贸等领域，加快了线上和线下融合。

未来我国产业生态体系将进一步完善，开源平台、资源共享平台将成为下一年的重要发展方向。标准体系将逐步建立，屏幕刷新率、屏幕分辨率、延迟时间，以及软件开发工具、数据接口、人体健康适用性等事实标准将逐步确立，用户体验将大幅提升。虚拟现实设备之间、设备和应用之间的互联互通成为发展共识，虚拟现实内容开发平台生态架构基本完善。虚拟现实应用和引擎将在不同虚拟现实设备上运行，虚拟现实感应器和显示屏与不同驱动程序的兼容性更好，行业碎片化问题得以解决。

12.3 结束语

虚拟现实与增强现实技术的进步已经在诸多的应用领域引起了颠覆性变化，

相信在不远的将来，这种变化还将更加激烈，从某种意义上，它不仅是一场视觉革命，而是深刻的思维革命，因为它在不断地启发和指导我们去探索新的学习、工作和生活方式，并且正在慢慢走向成熟。但同时我们应该清醒地认识到，目前 VR/AR 技术仍然存在着一定的弊端和不足。首先，使用者需不断练习去适应这种新的技术；另外，目前虚拟现实相关产品的价格太高，这让很多人望而却步；同时，人在长时间处于虚拟环境后，会产生视觉疲劳和眩晕的感觉。但随着技术的发展这些障碍都可以突破。未来虚拟现实会拥有更高的成像质量和更快的成像速度，并通过采用新型光学材料制成目镜，使其进一步减小体积和重量，增加舒适性，减少晕眩和头痛的负面影响。随着应用开发软件的升级，所开发的 VR/AR 作品成本将会更低，内容也将会更加丰富，虚拟现实和增强现实技术将会在各行业获得到普遍推广。虽然虚拟现实和增强现实技术还处于起步发展的时期，还有许多方面需要不断地完善，但是它给科技的发展与进步带来了全新的研究方向，对人类的文明也将产生长远而深刻的影响，未来将发挥不可替代的作用。

参考文献

第一章

[1] 周忠，周颐，肖江剑．虚拟现实增强技术综述 [J]. 中国科学：信息科学，2015，45（2）：157–180.

[2] SANCHEZ-VIVES M V，SLATER M. Opinion：From presence to consciousness through virtual reality[J]. Nature reviews neuroscience，2015，6（4）：332–339.

[3] INTERRANTE V，HÖLLERER T，LÉCUYER A. Virtual and augmented reality[J]. IEEE computer graphics & applications，2018，38（2）：28–30.

[4] 赵沁平，周彬，李甲，等．虚拟现实技术研究进展 [J]. 科技导报，2016，34（14）：71–75.

[5] TAUPIAC J D，RODRIGUEZ N，STRAUSS O. Immercity：a curation content application in virtual and augmented reality[J]. 2018，2（1）：223–234.

[6] 张文波，曹雷，熊君君．虚拟现实技术的现实挑战 [J]. 中国科学：信息科学，2016，46（12）：1779–1785.

第二章

[1] 张毅．VR 爆发：当虚拟照进现实 [M]. 北京：人民邮电出版社，2017.

[2] 刘崇进，吴应良，贺佐成，等．沉浸式虚拟现实的发展概况及发展趋势 [J]. 计算机系统应用，2019，28（3）：20–29.

[3] 王寒．虚拟现实：引领未来的人机交互革命 [M]. 北京：机械工业出版社，2016.

[4] 刘丹．VR 简史：一本书读懂虚拟现实 [M]. 北京：人民邮电出版社，2016.

[5] FREINA L，OTT M. A literature review on immersive virtual reality in education: State of the art and perspectives[J]. Proceedings of eLearning and software for education, 2015，1（1）：133–141.

[6] FIRTH N. Interview: the father of VR jaron lanier[J]. New scientist, 2013, 218 (2922): 21.

[7] FENG Z，GONZÁLEZ，VICENTE A，et al. Immersive virtual reality serious games for evacuation training and research: a systematic literature review[J]. Computers & education，2018，127（1）：252–266.

第三章

[1] JOHNSON P V，PARNELL J A，KIM J，et al. Dynamic lens and monovision 3D displays to improve viewer comfort[J]. Optics express，2016，24（11）：11808.

[2] KONRAD R，COOPER E A，WETZSTEIN G. Novel optical configurations for virtual reality: evaluating user preference and performance with focus-tunable and monovision near-eye displays[J]. conference paper，2016（1）：51.

[3] WETZSTEIN G，LANMAN D，HIRSCH M，et al. Tensor displays: compressive light field synthesis using multilayer displays with directional backlighting[J]. ACM transactions on graphics，2012，31（4）：1–11.

[4] JAVIDI B，HUA H. A 3D integral imaging optical see-through head-mounted display[J]. Optics express，2014，22（11）：13484–13491.

[5] 娄岩．虚拟现实与增强现实技术概论 [M]. 北京：清华大学出版社，2016.

[6] 林城．面向移动增强现实的跟踪注册技术研究 [D]. 杭州：浙江大学，2016.

[7] 刘明．基于 OpenGL 的大规模场景实时渲染技术的研究 [D]. 武汉：华中科技大学，2007.

第四章

[1] IBRAHIM Z，MONEY A G. Computer mediated reality technologies：a conceptual framework and survey of the state of the art in healthcare intervention systems[J]. Journal of biomedical informatics，2019（1）：103102.

[2] 刘蓓蓓，丁勤能，朱武生 . 虚拟现实技术在神经系统疾病康复中的应用进展 [J]. 中国现代神经疾病杂志，2018（3）：222-225.

[3] 李雅楠，左国坤，崔志琴，等 . 虚拟现实技术在康复训练中的应用进展 [J]. 中国康复医学杂志，2017（9）：15.

[4] ALBRECHT U V，NOLL C. Explore and experience：mobile augmented reality for medical training[J]. Studies in health technology and informatics，2013，192（1）：382-386.

[5] MEOLA A，CUTOLO F，CARBONE M，et al. Augmented reality in neurosurgery：a systematic review[J]. Neurosurgical review，2017，40（4）：537-548.

[6] VALMAGGIA L R，LATIF L，KEMPTON M J，et al. Virtual reality in the psychological treatment for mental health problems：an systematic review of recent evidence [J]. Psychiatry research，2016，236（1）：189-195.

第五章

[1] WEYRICH M，DREWS P. An Interactive environment for virtual manufacturing：the virtual workbench[J]. Computers in industry，1999，38（1）：5215-5218.

[2] JAYARAM S，et al. VADE：A virtual assembly design environment[J].IEEE computer graphics and application，1999，19（6）：44-50.

[3] DEWAR，SIMMONS. Assembly planning in virtual environment innovation in technology management-the key to global leadership[J]. Portland international conference on management and technology，1997，7（1）：664-667.

[4] 郑超 . 基于虚拟库存管理的航材备件库存共享优化研究 [D]. 北京：北京交通大学，2015.

[5] VR（虚拟现实）：促进智慧工厂发展的新技术 [J]. 智慧工厂，2016（8）:35–37.

[6] 杨磊．虚拟样机技术及其在航天遥感器研发中的应用 [D]. 北京：国防科学技术大学，2008.

[7] 冯常源．虚拟供应链风险识别及评估研究 [D]. 秦皇岛：燕山大学，2018.

第六章

[1] UPPOT RAUL N，LAGUNA BENJAMIN，MCCARTHY COLIN J，et al. Implementing virtual and augmented reality tools for radiology education and training，communication，and clinical care.[J]. Radiology，2019，291（3）：17.

[2] EDOARDO DEGLI INNOCENTI，MICHELE GERONAZZO，DIEGO VESCOVI，et al. Mobile virtual reality for musical genre learning in primary education[J]. Computers & education，2019（1）：139.

[3] AMMANUEL S，BROWN I，URIBE J，et al. Creating 3D models from radiologic images for virtual reality medical education modules[J]. Journal of medical systems，2019，43（6）：78.

[4] MAKRANSKY G，LILLEHOLT L．A structural equation modeling investigation of the emotional value of immersive virtual reality in education[J]. Educational technology research and development，2018（1）：32.

[5] 张枝实．虚拟现实和增强现实的教育应用及融合现实展望 [J]. 现代教育技术，2017，27（1）:21–27.

[6] POTKONJAK V，GARDNER M，CALLAGHAN V，et al. Virtual laboratories for education in science，technology，and engineering：a review[J]. Computers & education，2016（1）:S0360131516300227.

第七章

[1] BARFIELD W. Fundamentals of wearable computers and augmented reality[M]. Florida：CRC Press，2015.

[2] SU W，EICHI H，ZENG W，et al. A survey on the electrification of transportation in

a smart grid environment[J]. IEEE transactions on industrial informatics，2011，8（1）：1-10.

[3] 李赋真．石油勘探中虚拟现实技术的应用探究[J]. 中国石油和化工标准与质量，2018(2)：13.

[4] QI J X，LIU S L，WANG J L．Fuzzy comprehensive evaluation based on set pair analysis of the rural power grid planning project[J]. Advanced materials research，2013（1）：756-759.

[5] 肖爽．水利工程中的三维地形可视化方法研究与实现[D]. 长沙：中南大学，2014.

第八章

[1] 王坤，相峰．"新零售"的理论架构与研究范式[J]. 中国流通经济，2018（1）：3-11.

[2] DARRELL RIGBY. The future of shopping [J]. Harvard business review，2011（12）：22.

[3] 马登哲．虚拟现实与增强现实技术及其工业应用[M]. 上海：上海交通大学出版社，2011.

[4] 胡小强．虚拟现实技术基础与应用[M]. 北京：北京邮电大学出版社，2009.

第九章

[1] KIM D，KO Y J. The impact of virtual reality（VR）technology on sport spectators' flow experience and satisfaction[J]. Computers in human behavior，2019，93（1）：346-356.

[2] GERARD SMIT，YAEL DE HAAN，LAURA BUIJS. Visualizing News[J]. Digital journalism，2014（3）：31.

[3] 聂晶磊，赵艳宇．虚拟现实与增强现实类图书出版业态[J]. 中国出版，2017（24）：22.

[4] 罗杰斯．数据新闻大趋势[M]. 北京：中国人民大学出版社，2015.

[5] 方楠．VR 视频"沉浸式传播"的视觉体验与文化隐喻[J]. 传媒，2016（10）：35.

第十章

[1] 季景涛，林建群，宋博．虚拟现实视阈下的建筑空间环境营造[J]. 建筑学报，2014（S1）：

82–85.

[2] ZAKER R，COLOMA E. Virtual reality-integrated workflow in BIM-enabled projects collaboration and design review：a case study[J]. Visualization in engineering，2018，6（1）：4.

[3] LI S，JIA W. Research on integrated application of virtual reality technology based on BIM[C]// Control & Decision Conference. 2016.

[4] 金小田，张小敏．虚拟现实技术在建筑方案优化设计中的应用[J]. 建筑科学，2004（2）：67–69.

[5] RAIMBAUD P，MERIENNE F，DANGLADE F，et al. Smart Adaptation of BIM for Virtual Reality，Depending on Building Project Actors' Needs：The Nursery Case[C]// 2018 IEEE Conference on Virtual Reality and 3D User Interfaces（VR）. 2018.

[6] 刘铮，孙俊，刘利先．建筑结构概念设计与虚拟现实技术[J]. 工业建筑，2015（S1）：219–221.

第十一章

[1] ELMIRA JAMEI，MICHAEL MORTIMER，MEHDI SEYEDMAHMOUDIAN，et al. Investigating the role of virtual reality in planning for sustainable smart cities[J]. Sustainability，2017，9（11）：19.

[2] YOSSI SHUSHAN，JUVAL PORTUGALI，EFRAT BLUMENFELD-LIEBERTHAL. Using virtual reality environments to unveil the imageability of the city in homogenous and heterogeneous environments[J]. Computers，environment and urban systems，2016（1）：58.

[3] WANG W，LV Z，LI X，et al. Virtual Reality Based GIS Analysis Platform.[C]// Proceeings. Springer-Verlag New York，Inc. 2015

[4] MAYA DAWOOD，CINDY CAPPELLE，MAAN E. Virtual 3D city model as a priori information source for vehicle localization system[J]. Transportation research part C，

2016（1）：63.

[5] 伍朝辉，郭瑜，王辉，等．虚拟现实交通运输应用研究综述 [J]. 系统仿真学报，2016，28（10）：37.

第十二章

[1] ONG S. Beginning windows mixed reality programming[M]. Berkeley：Apress，2017.

[2] TAN Z，LI Y，LI Q，et al. Supporting mobilc VR in LTE networks：How close are we?[J]. Proceedings of the ACM on measurement and analysis of computing systems，2018，2（1）：8.

[3] FREINA L，OTT M. A literature review on immersive virtual reality in education：state of the art and perspectives[C]//The International Scientific Conference eLearning and Software for Education. "Carol I" National Defence University，2015，1：133.

[4] 张力平 .5G 下的虚拟现实 [J]. 电信快报，2017（11）：24.

[5] 李培新，傅振业，韩晓，等．2017 年虚拟／增强现实产业现状与发展 [J]. 电子技术与软件工程，2018，133（11）：172–174.

专有术语

第一章

虚拟现实技术三角形（triangle of virtual reality technology，TVRT）

沉浸感（immersive）

交互感（interaction）

想象感（imaginative）

虚拟现实（virtual reality，VR）

增强现实（augmented reality，AR）

混合现实（mixed reality，MR）

米尔格拉姆真实虚拟连续集（milgram's reality-virtuality continuum，MRVC）

计算机视觉技术（computer vision，CV）

视觉盛宴（visual feast，VF）

物理空间映射（physical space mapping，PSM）

虚拟空间延伸（virtual space extension，VSE）

第二章

自然特征追踪（nature feature tracking，NFT）

赛博空间之舞（dancing in cyberspace，DIC）

第三章

头戴式显示器（head mounted display，HMD）

头部追踪（head tracking，HT）

模拟器晕动症（simulator sickness，SS）

视场（field of view，FOV）

数据手套（data glove，DG）

近眼光场显示器（near-eye light field displays，NELFD）

洞穴状自动虚拟系统（cave automatic virtual environment，CAVE）

三维全景技术（panorama）

眼动跟踪技术（eye movement-based interaction，EMBI）

魔眼（junaio）

活动距离传感器建模（model S from active range sensors，MSFARS）

被动的非校准视频图像序列建模（model S from passive uncalibrated video sequences，MSFPUVS）

同步定位与建图系统（simultaneous localization and mapping，SLAM）

力触觉（tactical haptics，TH）

手势模拟（feel three，FT）

可穿戴控制器（control VR，CVR）

第四章

可视人体计划（visible human project，VHP）

虚拟人（virtual human，VH）

标量场可视化（scalar field visualization，SFV）

虚拟互动人体解剖学（virtual interactive human anatomy，VIHA）

虚拟内窥镜（virtual endoscopy，VE）

质点－弹簧算法（mass-spring，MS）

触觉步行者（haptic walker，HW）

无痛苦虚拟注射仿真（pain-free virtual injection simulation，PVIS）

虚拟手术规划（virtual surgical planning，VSP）

多专家远程虚拟协同（multi-expert remote virtual collaboration，MRVC）

手术再现（surgery reproduce，SR）

虚拟医学实验室（virtual medical laboratory，VML）

细胞之旅（journey to the cell，JTTC）

第五章

协同虚拟样机技术（collaborative virtual prototyping，CVP）

下一代虚拟样机技术（next generation virtual prototyping，NGVP）

多模态沉浸式虚拟装配系统（multi-modal immersive virtual assembly system，MIVSS）

协同虚拟制造（collaborative virtual manufacturing，CVM）

掠食者（predator super car，PSC）

虚拟太空环境（virtual space environment，VSE）

虚拟现实编辑器（VR editor，VE）

虚拟工厂仿真规划（virtual factory planning and simulation，VFPS）

虚拟流水线情景图（virtual pipeline scenario map，VPSM）

虚拟装配检验（virtual assembly inspection，VAI）

虚拟头脑风暴会议（virtual brainstorming conference，VBC）

增强现实量方技术（augmented reality quantitative technology，ARQT）

增强现实取货位置引导（augmented reality location guidance，ARLG）

区块链账本（block chain accounts，BCA）

第六章

数学忍者（Math Ninja AR）

虚拟教室（virtual classroom，VC）

情景供应（scenario supply，SS）

情绪识别（emotion recognition，ER）

学生行为数据分析（student behavior data analysis，SBDA）

增强型智能课桌（enhanced intelligent desk，EID）

嵌入式阅读（embedded reading，ER）

记忆重现（memory reproduction，MR）

现象仿真（simulation of phenomena，SOP）

教学实验虚拟化（teaching experiment virtualization，TEV）

交互计算环境实验室（interactive computing environments laboratory，CEL）

叙事式沉浸的建设者及协同环境（narrative immersive collaborative environment，NICE）

虚拟演播室系统（the virtual studio system，VSS）

多模态人机交互（multi-modal human-computer interaction，MMHCI）

第七章

三维地震解释（3D coalfield seismic interpretation，3D-CSI）

数字高程模型（digital elevation model，DEM）

火灾动态模拟器（fire dynamics simulator，FDS）

输电线路交叉跨越点模拟（transmission line cross crossing point simulation）

事故场景重现（accident scene reproduction，ASR）

应急指挥虚拟实验室（emergency command virtual laboratory，ECVL）

第八章

数字化场景（digital scene，DS）

沉浸式主题展（immersion theme exhibition，ITE）

角色切换（role switching，RS）

时空滞后性（time-space lag，TL）

用户情感关联（user emotional relevance，UER）

虚拟体验（virtual experience，VE）

试衣魔镜（fitting magic mirror，FMM）

虚拟现实滑索（virtual reality zip line，VRZL）

第九章

虚拟现实全景视频（virtual reality panorama video，VRPV）

故事空间感（sense of story space，SOSS）

动作捕捉技术（motion capture technology，MCT）

虚拟全息再现经典（virtual holographic reproduction of classics，VHROC）

虚拟角色（virtual role，VR）

流媒体视频技术（streaming media video technology，SMVT）

用户 C 位（center position for user，CPFU）

虚拟演播室（virtual studio，VS）

虚拟现场目击者（virtual scene witness，VSW）

多人在线虚拟现实社交系统（multi-user online social VR system，MOSVRS）

深度输入（deep input，DI）

第十章

虚拟协同建造（virtual collaborative construction，VCC）

虚拟漫游（virtual roaming，VR）

虚拟场景感知漫游（virtual scene-aware roaming，VSAR）

虚拟建筑空间（virtual architectural space，VAS）

虚拟预建造（virtual pre-construction，VPC）

施工工艺再现（reproduction of construction technology，RCT）

第十一章

数字城市（digital city，DC）

虚拟空间会议（virtual conferencing space，VCS）

虚拟公共场所（virtual common，VC）

未来工厂（factories of future，FOF）

现场增强（field enhancement，FE）

分布式虚拟现实协作系统（distributed architecture VR system，DAVRS）

虚拟公共场所（virtual common，VC）

虚拟现实地理信息系统（virtual reality-geographic information system，VR-GIS）

虚拟新加坡（virtual singapore，VS）

虚拟紫禁城（the virtual forbidden city，VFC）

第十二章

分布式虚拟现实（distributed virtual environment，DVE）

空中传递技术（over the air，OTA）